Benjamin Oladosu

Invasão do direito de passagem de um oleoduto em Arepo, Nigéria

Benjamin Oladosu

Invasão do direito de passagem de um oleoduto em Arepo, Nigéria

ScienciaScripts

Imprint
Any brand names and product names mentioned in this book are subject to trademark, brand or patent protection and are trademarks or registered trademarks of their respective holders. The use of brand names, product names, common names, trade names, product descriptions etc. even without a particular marking in this work is in no way to be construed to mean that such names may be regarded as unrestricted in respect of trademark and brand protection legislation and could thus be used by anyone.

Cover image: www.ingimage.com

This book is a translation from the original published under ISBN 978-620-2-02443-3.

Publisher:
Sciencia Scripts
is a trademark of
Dodo Books Indian Ocean Ltd. and OmniScriptum S.R.L publishing group

120 High Road, East Finchley, London, N2 9ED, United Kingdom
Str. Armeneasca 28/1, office 1, Chisinau MD-2012, Republic of Moldova, Europe
Printed at: see last page
ISBN: 978-620-7-76146-3

CAPÍTULO 1

INTRODUÇÃO

Antecedentes do estudo

A segurança dos oleodutos tem sido uma questão preocupante desde há anos, especialmente num país rico e em desenvolvimento como a Nigéria. Desde a descoberta de petróleo bruto em Oloibiri, a 15 de janeiro de 1956 (Wikipedia 2016), a economia do país tem-se baseado principalmente na exploração, refinação e distribuição deste recurso natural volátil. A distribuição oferece a oportunidade de exportar este produto tanto a nível local como internacional, o que, em contrapartida, traz enormes benefícios socioeconómicos. Infelizmente, o maior desafio que a indústria do petróleo e do gás enfrenta é o problema do esgotamento do petróleo bruto.

A Nigéria é o maior produtor de petróleo em África e o décimo primeiro maior produtor do mundo, e o sector petrolífero é o pilar da economia nigeriana. Este sector tem dado um impulso notável à economia do país (Okpo & Eze 2012). A atenção dada ao sector petrolífero é, sem dúvida, a mais elevada em comparação com outros sectores, como os transportes, a agricultura, a energia e o comércio.

O petróleo é um termo geral para os produtos petrolíferos líquidos constituídos principalmente por hidrocarbonetos. (Odebunmi,Ogunsakin&Ilukhor, 2002) definiu o petróleo bruto como uma mistura natural constituída por hidrocarbonetos com outros elementos como o enxofre, o azoto, o oxigénio, etc., que se apresentam sob a forma de compostos orgânicos e que, em alguns casos, formam complexos com metais.

O petróleo bruto é formado na crosta terrestre através do aquecimento e compressão de material orgânico ao longo de milhões de anos. É constituído principalmente por hidrocarbonetos, outros compostos orgânicos e pequenas quantidades de outros componentes, como metais. O petróleo bruto é extraído de poços ou de minas a céu aberto e refinado em produtos petrolíferos como a gasolina, o gasóleo, o óleo para aquecimento, os solventes e os lubrificantes. Os petróleos brutos são classificados de acordo com o seu peso por unidade.

São utilizados vários meios para transportar os produtos refinados de petróleo bruto das refinarias centrais para as várias estações de bombagem e depósitos. Existem sistemas ferroviários, rodoviários, costeiros e de oleodutos através dos quais o produto é transportado (Sati, 2009). O sistema rodoviário e de oleodutos é uma particularidade da Nigéria, uma vez que o transporte ferroviário não é suficientemente funcional para o transporte de produtos de petróleo bruto. Além disso, não existem vias navegáveis interiores importantes que atravessem o país para transportar o produto rápida e eficazmente de uma parte do país para outras partes.

Ao longo do tempo, registaram-se repetidos casos de rupturas de condutas, falhas de válvulas, sabotagem e roubo de petróleo, que agravaram os problemas e colocaram grandes desafios à indústria do petróleo e do gás.

O direito de passagem de um oleoduto (Pipeline Right-of-Way - PROW) é uma faixa de terreno sobre e em redor de oleodutos de petróleo bruto em que alguns dos direitos legais do proprietário do terreno foram transferidos para um operador de oleoduto. Normalmente, um PROW é estabelecido a 50 pés de cada lado do oleoduto, exceto se existirem condições especiais, como pântanos e zonas costeiras (Phillips 66 Pipeline, 2015).

Para além dos problemas de sabotagem, rutura dos oleodutos, falha das válvulas e roubo de petróleo, existe também o problema da intrusão no trajeto dos oleodutos. Muitas comunidades anfitriãs estão ativamente envolvidas na construção de edifícios ao longo dos oleodutos, que se encontram numa proximidade preocupante. Este facto coloca-as em perigo e acarreta o risco de perda de propriedade.

Este livro aborda o impacto da intervenção da comunidade de Arepo no PROW e recomenda soluções de segurança para proteger os sistemas de oleodutos e garantir uma distribuição sem problemas do produto em todo o país.

Problema de investigação

A eficácia do controlo da segurança no domínio dos direitos de passagem das condutas tem sido posta em causa ao longo dos anos, uma vez que se registam cada vez mais casos de sabotagem nas condutas.

As actividades dos vândalos dos oleodutos criaram raízes profundas no sistema nigeriano de petróleo e gás. Vários casos de vandalismo em oleodutos são comunicados diariamente ao Departamento de Saúde, Segurança e Ambiente da PPMC. Este facto demonstra a ineficácia das agências de aplicação da lei colocadas em pontos estratégicos para o transporte de petróleo bruto e dos seus produtos (NNPC, 2015).

Para além dos vândalos, há graves violações dos direitos de passagem dos gasodutos em muitas comunidades anfitriãs, uma vez que pouca ou nenhuma atenção é dada aos perigos associados à realização de trabalhos de construção perto dos gasodutos. Casas, empresas e outras estruturas estão a ser construídas indiscriminadamente ao longo e, em alguns casos, mesmo em cima dos oleodutos. Este facto expõe toda a população da comunidade ao risco de destruição e a um perigo inevitável.

Justificação do estudo

A invasão das rotas dos oleodutos pelas comunidades anfitriãs é um problema importante para o sector económico do petróleo e do gás. A usurpação dos direitos dos oleodutos constitui uma violação das normas de planeamento do desenvolvimento e, frequentemente, o principal objetivo desta usurpação é apoiar actividades de vandalismo. Esta situação torna necessário um estudo sobre o impacto da usurpação dos direitos de utilização dos oleodutos pelo município. O estudo é necessário para determinar o grau de invasão do trajeto da conduta na comunidade de Arepo, no Estado de Ogun, na Nigéria. Além disso, este estudo é fundamental para garantir que as autoridades responsáveis pelo planeamento restabeleçam a paridade dos padrões de desenvolvimento na comunidade de Arepo e tornem o trajeto da conduta mais seguro.

Questão e hipótese de investigação

Questões de investigação

(i) Qual é o aspeto da infraestrutura de condutas existente na área sob investigação?

(ii) Qual é a extensão da deficiência na zona de estudo?

(iii) A interferência do município tem influência no vandalismo na área de estudo?

(iv) Que impacto terá o desenvolvimento da zona de estudo na segurança?

15Finalidade e objectivos

Objetivo do estudo

O objetivo deste estudo é investigar o impacto da usurpação de condutas na comunidade de Arepo, na Área de Governo Local de Obafemi Owode do Estado de Ogun, na Nigéria.

Objectivos

Os objectivos específicos do estudo são:

(i) para analisar a infraestrutura de condutas existente na área em investigação.

(ii) para determinar a extensão da deficiência na zona de estudo.

(iii) para investigar a relação entre a urbanização e o vandalismo nas condutas.

(iv) Avaliação do impacto desta intervenção na segurança

Âmbito do estudo

A área de estudo caracteriza-se por um desenvolvimento indiscriminado ao longo do trajeto da conduta, que interfere com as condutas. Na maioria dos casos, a intrusão de edifícios favorece as actividades de vandalismo na zona. Este estudo tem como objetivo analisar a tendência do desenvolvimento de edifícios no trajeto do oleoduto e nas suas imediações, utilizando a tecnologia SIG, e também avaliar o impacto que a invasão da comunidade tem tido no trajeto do oleoduto na área de estudo ao longo dos anos.

Restrição da investigação

- O acesso à área foi um problema devido à grande distância e ao mau estado da estrada de Benin a Ore, que conduz à área de estudo.
- A insegurança foi um problema, uma vez que se registaram repetidos confrontos com vândalos. Este facto dificultou a obtenção de imagens visuais e de coordenadas GPS das condutas.
- Outra grande limitação foi o problema de obter imagens LandSat OLSRTM muito recentes, entre 2000 e 2015. Este problema foi

agravado por uma má ligação à Internet. As imagens de 2015 cobriam uma grande área e o seu descarregamento era muito grande e dispendioso.

- Finanças: A compra das imagens foi muito dispendiosa, para além dos custos de deslocação de e para a área de estudo. Para além disso, foi realizada formação adicional em análise SIG. Isto também representou um grande desafio financeiro.

- O fornecimento de eletricidade foi também um problema importante. O fornecimento de energia eléctrica foi interrompido na maior parte do tempo durante todo o período de estudo. Por conseguinte, foi necessário recorrer a fontes de energia alternativas, o que implicou custos mais elevados.

Área de estudo

[00000000]A comunidade de Arepo está situada entre 6.70333 N 3.410278 E, 6.703333 N 3.4375 E, 6.6825 N, 3.436944 E e 6.682778 N, 3.41 E. A área de estudo situa-se na área da administração local de Obafemi Owode do Estado de Ogun, na Nigéria. A Área de Governo Local de Obafemi Owode é uma das 20 Áreas de Governo Local do Estado de Ogun. Faz fronteira com a área governamental local de Odeda a norte, Remo North a leste, Shagamu a sudeste, a área governamental local de Ifo a sudoeste e a área governamental local de Ewekoro a oeste.

O município de Arepo está situado na autoestrada Lagos-Ibadan.

Localização regional da zona de estudo

[th]O Estado de Ogun é um dos 36 estados da República Federal da Nigéria, com uma população estimada em 3.751.140 pessoas (NPC, 2006), o que o torna o 16º estado mais populoso da federação. [2] Tem uma área total de quase 17.000 quilómetros, o que equivale a cerca de 6.556,23 milhas quadradas. [2]O Estado de Ogun tem uma densidade populacional média de 220/km , equivalente a 570 milhas quadradas, tanto em termos de população como de área total. O Estado de Ogun foi criado em 3 de fevereiro de 1976 sob o governo militar do General Olusegun Obasanjo e é composto por 20 áreas governamentais locais, sendo Abeokuta a sua capital.

[0000]O Estado de Ogun, popularmente conhecido como "Gateway State", está situado entre 7.961111 N 2.713333 E e 6.315278 N 4.592222

E. O Estado de Ogun está situado no sudoeste da Nigéria. Faz fronteira com Oyo a norte, Osun a nordeste, Ondo a oeste e Lagos a sul.

Contexto geográfico

00000000O município de Arepo está situado entre 6.70333 N 3.410278 E, 6.703333 N 3.4375 E, 6.6825 N, 3.436944 E e 6.682778 N, 3.41 E. O município de Arepo está situado entre os municípios de Magboro e Banku. A área de estudo situa-se em

Área do Governo Local de Obafemi Owode do Estado de Ogun, na Nigéria. O município de Arepo está situado na autoestrada Lagos-Ibadan.

Clima da zona de estudo

O Estado de Ogun está situado na zona de clima tropical húmido e moderadamente quente do sudoeste da Nigéria. Existem duas estações distintas no Estado: a estação das chuvas, que vai de março/abril a outubro/novembro, e a estação seca, que dura o resto do ano, de outubro/novembro a março/abril. As temperaturas são relativamente elevadas durante a estação seca, com uma temperatura média de 30 °C. De dezembro a fevereiro, o Harmattan traz ventos de nordeste, que têm um efeito positivo sobre as temperaturas elevadas do mar seco. As baixas temperaturas prevalecem durante a estação das chuvas, especialmente entre julho e agosto, quando as temperaturas podem descer até aos 24 °C. A precipitação varia entre cerca de 1000 mm na parte ocidental e 2000 mm na parte oriental.

Relevo da zona

O estado de Ogun tem um clima favorável e uma boa vegetação que permite o cultivo de várias culturas de rendimento e alimentares, bem como a criação de gado durante todo o ano. O clima geral do Estado é tropical. A parte sul do Estado é caracterizada por uma vegetação florestal sempre verde e por solos particularmente adequados para o cultivo de produtos agrícolas e alimentares.

Contexto económico

Os produtos agrícolas mais importantes do Estado são as palmeiras, o arroz, a noz de cola, o cacau, o algodão, a mandioca, o coco e os legumes. No norte, existe uma enorme área de savana que é adequada para a criação de animais. Para além disso, existem reservas florestais, rios e lagoas e, no sul, existe uma bela linha costeira, ideal para estâncias balneares. O estado de Ogun é um dos maiores produtores de noz de cola do país. A madeira e a borracha também são aqui produzidas em grande escala. Cerca de 20 % da superfície total do Estado é constituída por reservas florestais adequadas à criação de gado. A economia do Estado baseia-se, portanto, principalmente na agricultura, na extração de recursos naturais e em actividades comerciais (www.ogunstate.gov.ng). A principal ocupação dos habitantes de Arepo é a agricultura. Esta é a sua fonte de atividade económica, gerando rendimentos a partir da venda de produtos agrícolas dentro e fora do município. No entanto, a maioria dos residentes na zona são funcionários públicos que trabalham para o governo.

Contexto sociocultural

A comunidade de Arepo é maioritariamente caracterizada por pessoas do grupo étnico Yoruba. As inclinações religiosas dos habitantes são o cristianismo, o islamismo e as crenças religiosas tradicionais.

População da zona de estudo

Arepo situa-se na Área de Governo Local de Obafemi Owode do Estado de Ogun. A Administração Local de Obafemi Owode tem uma população total estimada em 235 071 habitantes, composta por 118 574 homens e 116 497 mulheres (NPC, 2006). Isto prova que há mais mulheres do que homens na área da administração local de Obafemi Owode. A comunidade de Arepo tem uma população total estimada em 313 pessoas. Esta é composta por 147 homens e 166 mulheres (NPC, 1991). O município de Arepo tem uma taxa de crescimento anual da população de 3,18%.

Recursos minerais da zona de estudo

O Estado possui recursos naturais como florestas e massas de água, bem como grandes quantidades de minerais como calcário, fosfato, granito, gesso, bauxite, betume, feldspato, argila, areia de vidro, caulino, quartzo, areia de alcatrão e pedras preciosas, mas devido à economia agrícola do município de Arepo, os recursos minerais mais importantes nesta área são a madeira, que pode ser utilizada como matéria-prima para a indústria de transformação de madeira.

Características geográficas

Existem algumas formas de relevo e rios importantes no Estado de Ogun; os rios Ogun e Yewa são os principais rios que atravessam o Estado. O rio Ogun nasce em Shaki, no Estado de Oyo, a uma latitude de 8°41'0 "N e a uma longitude de 3°28'0 "E, e atravessa o Estado de Ogun de norte a sul até ao Estado de Lagos. A popular rocha Olumo está situada em Abeokuta, a capital do Estado de Ogun. Existem dois tipos principais de rochas no Estado de Ogun: o complexo subsolo de idade pré-cambriana, composto por granitos mais antigos e mais jovens no norte do Estado, e as rochas sedimentares mais jovens e mais antigas de idade terciária e secundária no sul do Estado. O Estado de Ogun tem uma vasta área de planícies montanhosas pertencentes às rochas sedimentares costeiras da Nigéria Ocidental. Existem colinas dispersas que ligam os vários vales fluviais. Os vestígios de uma grande planície no estado incluem os inselbergs em Abeokuta e a rocha Olumo no extremo sul das terras altas ocidentais.

Infra-estruturas

As instalações e os desenvolvimentos existentes no Estado incluem escolas e instituições terciárias de nível reconhecido, hospitais, bancos, bairros residenciais, hotéis, igrejas, bem como locais turísticos para o usufruto dos turistas.

VFig 1.1: Mapa da Nigéria mostrando a área de estudo no seu contexto nacional uelle: Trabalho de campo do autor, 2016

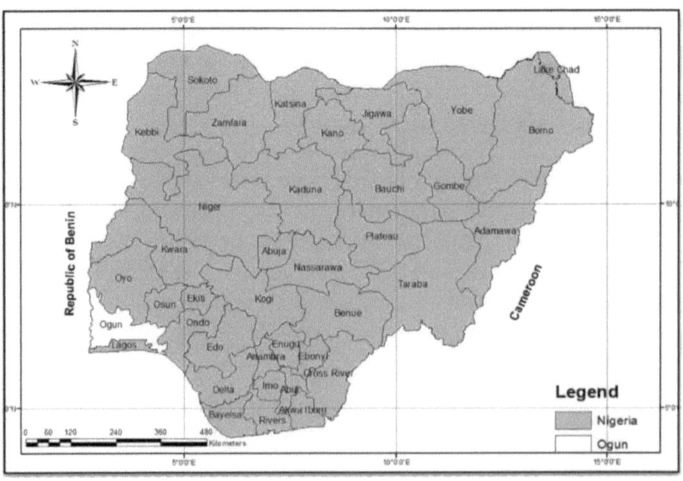

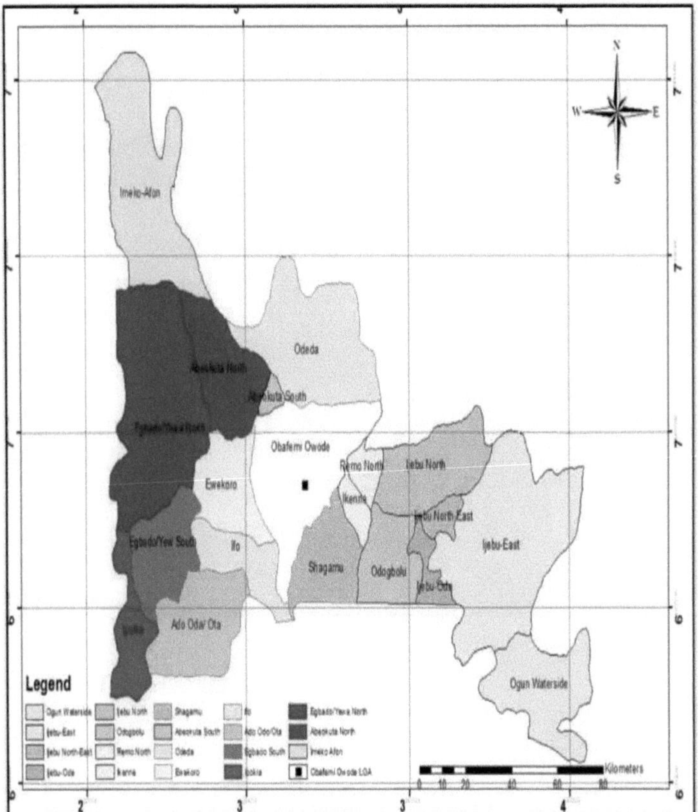

Fig. 1.2: Mapa do estado de Ogun, mostrando a área de estudo na sua envolvente regional

Fonte: Trabalho de campo do autor, 2016

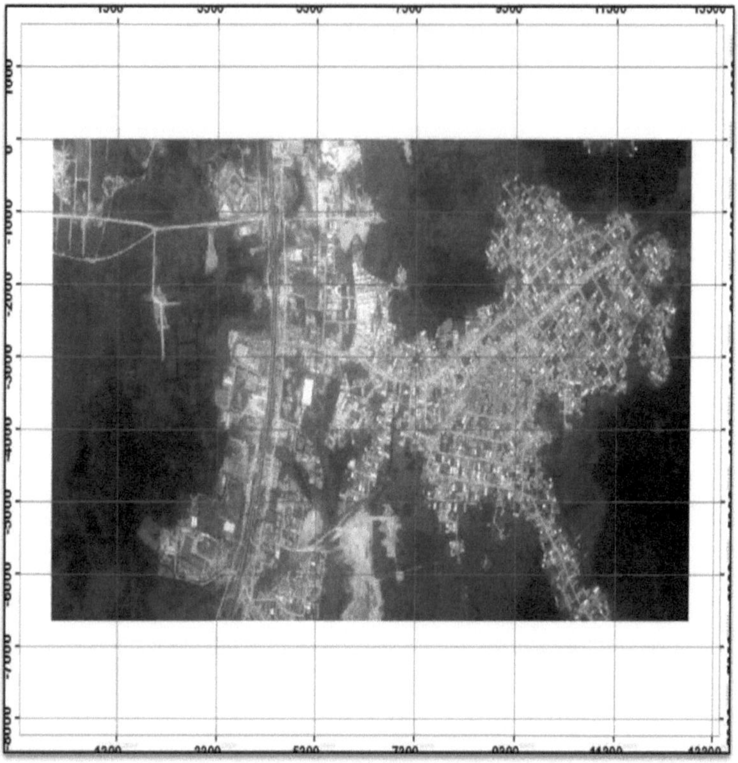

Fig. 1.3: Imagem do Google Earth da área de estudo.

Fonte: Google Earth, 2016

CAPÍTULO 2
REVISÃO DA LITERATURA

Direito de passagem para oleodutos e gasodutos

Os oleodutos desempenham um papel estratégico na satisfação da procura de combustível e de outros produtos petrolíferos num país. São o meio de transporte mais seguro para os produtos petrolíferos (US Department of Transportation, 2006). A utilização de oleodutos e gasodutos reduz a quantidade de produtos petrolíferos refinados transportados por estrada e por caminho de ferro, aumentando a segurança destes modos de transporte. O termo "direito de passagem" é frequentemente utilizado como sinónimo de "servidão". Mais especificamente, é um direito concedido nos termos de um acordo de servidão, neste caso permitindo que uma empresa de oleodutos entre ou atravesse a propriedade de outrem para instalar, inspecionar, operar e manter instalações localizadas na propriedade ou que a atravessem. Um direito sobre um gasoduto estende-se ao longo, através, abaixo e acima da servidão do gasoduto. Uma servidão é um direito legal de utilizar a propriedade de outra parte para um fim específico. Uma servidão não dá ao seu detentor o direito à posse da propriedade, mas permite-lhe o acesso a toda ou parte da propriedade para um fim específico. O titular da servidão tem normalmente o direito de entrar e inspecionar a propriedade e de impor determinadas restrições à alteração, manutenção ou utilização da propriedade. As empresas de gasodutos detêm uma servidão sobre terrenos ao longo do percurso do gasoduto para garantir a segurança do gasoduto e para garantir o acesso ao mesmo para operação, reparação, manutenção, inspeção ou em caso de emergência. A conduta propriamente dita está normalmente localizada aproximadamente no centro da servidão e é normalmente enterrada a 3 pés de profundidade. No entanto, a conduta pode estar localizada em qualquer ponto da servidão e a sua localização pode ser alterada.

dentro da servidão pode variar dentro de uma determinada propriedade. As servidões para condutas variam de propriedade para propriedade, mas muitas têm 50 pés de largura, com 25 pés de cada lado da conduta.

A limpeza dos direitos de passagem é efectuada por uma única razão, nomeadamente por razões de segurança. Para garantir a segurança dos vizinhos dos oleodutos e do próprio oleoduto, as rotas dos oleodutos devem ser monitorizadas semanalmente a partir do ar e deve ser possível inspecionar o percurso do oleoduto sem interferência de árvores, vegetação, estruturas ou ramos pendentes. Por outras palavras, as empresas de gasodutos devem ter acesso imediato ao gasoduto em caso de emergência, sem atrasos que possam ser impedidos pela remoção de árvores ou outras estruturas no trajeto. O acesso deve também ser garantido para os trabalhos de manutenção e reparação de rotina da conduta. Além disso, a empresa de gasodutos e os seus contratantes têm o direito, ao abrigo do acordo de servidão, de evitar interferências com o direito de passagem e de remover ou modificar árvores ou outras estruturas que interfiram ou bloqueiem o acesso ao direito de passagem. Isto pode incluir árvores enraizadas fora da faixa de servidão, incluindo em propriedades adjacentes, que se sobreponham à faixa de servidão de forma a impedir a inspeção aérea ou que possam interferir com a conduta ou com o acesso à mesma.

A largura do direito de passagem deve ser determinada com base no diâmetro da tubagem. Isto significa que quanto maior for o diâmetro da conduta, maior será a largura do direito de passagem para essa conduta. Por conseguinte, o direito de passagem para as condutas varia de local para local, consoante o diâmetro das condutas que atravessam a zona. Isto deve-se ao facto de a construção de condutas ser sensível à sua localização, por exemplo, em zonas ambientais, sítios culturais ou históricos e/ou zonas densamente povoadas (EIG, 1999).

Oleodutos de transporte de petróleo bruto

Os oleodutos de petróleo bruto são utilizados para transportar produtos de petróleo bruto de um terminal para outro para uma distribuição efectiva em todo o país (Peter 2003). Também transportam produtos petrolíferos refinados ou gás natural liquefeito para terminais de produtos perto dos consumidores. Os gasodutos de transporte têm normalmente 16 a 48 polegadas de diâmetro. Em alguns casos, os oleodutos de transporte também transportam petróleo bruto diretamente para navios-tanque em portos de águas profundas para exportação para outros países. Quando operam os oleodutos, as empresas enfrentam vários desafios técnicos. Um deles é a falha mecânica, que é muito comum porque envolve muitas áreas que podem correr mal dentro de uma válvula e que estão mecanicamente relacionadas. Para reduzir o risco de falha mecânica, cada sistema de válvula de alívio deve ser avaliado. Isto determinará se e que alterações são necessárias para tornar o funcionamento das válvulas de segurança mais seguro e fiável. De acordo com Murray (2012), quarenta por cento do petróleo mundial é transportado através de oleodutos e os produtores utilizam atualmente meio milhão de milhas de oleodutos para transportar petróleo, gás natural e líquidos perigosos só nos Estados Unidos. Existem atualmente 112.000 milhas de oleodutos planeados ou em construção em todo o mundo, incluindo mais de 28.000 milhas nos EUA e no Canadá. Na América do Norte, os danos acidentais provocados por terceiros são a maior ameaça à segurança das condutas. Além disso, o funcionamento dos oleodutos pode ser afetado por riscos não intencionais provocados pelo homem, tais como perturbações sísmicas causadas por obras de construção legítimas na zona ou mesmo por actividades agrícolas. A segurança dos oleodutos envolve, por conseguinte, as agências federais, as associações de oleodutos e gasodutos, os operadores de oleodutos, bem como as comunidades através das quais os oleodutos passam.Hugo *et* al (2012) afirmaram que existem geralmente três tipos de oleodutos: em primeiro lugar, os oleodutos de recolha que percorrem distâncias curtas, recolhem os produtos petrolíferos não transformados dos poços e entregam-nos aos tanques de petróleo. Os tubos sob as linhas de recolha têm um diâmetro de 4 a 12 polegadas. Em Alberta, no oeste do Canadá, existem mais de 250.000 quilómetros de linhas de recolha, seguidas das linhas de alimentação que transportam o produto dos tanques de petróleo e das instalações de processamento para as linhas de transporte. São geralmente maiores do que as condutas de recolha, mas mais pequenas do que as condutas de transporte. No Canadá Ocidental, existem mais de 25 000 quilómetros de linhas de alimentação. Em terceiro lugar, os oleodutos de transporte podem ter até 48 polegadas de diâmetro e transportam o petróleo e produtos afins desde as zonas de produção até aos consumidores, incluindo através das fronteiras provinciais e internacionais. Olhando para a extensa rede de oleodutos nos Estados Unidos, de acordo com Bell (2014), o comprimento da rede de oleodutos é superior a 2,6 milhões de milhas, o que equivale a viajar mais de 100 vezes à volta da Terra ou cinco vezes à volta da Lua. Cerca de três quartos destes mais de 2 milhões de quilómetros são a rede de distribuição de gás natural, que passa de quarteirão em quarteirão e de casa em casa por praticamente todas as cidades e comunidades americanas. Cerca de 320.000 milhas são de condutas de transporte de gás natural e outras 185.000 milhas são de petróleo, petróleo bruto (55.000 milhas), produtos refinados (95.000 milhas) e outros líquidos perigosos.

Na África Austral, um gasoduto de 865 km estende-se de Temane, em Moçambique, até Secunda; 520 km do gasoduto estão em Moçambique e 345 km na África do Sul (Steinhardt, 2005). O Canadá tem mais de 100 000 quilómetros de linhas de transmissão, o que corresponde a cerca de 2,5 vezes a circunferência da Terra. Prevê-se que os direitos das condutas sejam monitorizados através de inspecções semanais, quinzenais ou mensais. Os operadores de oleodutos podem sobrevoar os oleodutos, conduzir ao longo do lado, se possível, e realizar escavações exploratórias em torno do oleoduto

(DEHR, 2015).Sati (2009) observou que, na Índia, a maioria dos principais centros de consumo estão localizados em áreas rurais, pelo que apenas a estrada, o caminho de ferro e o oleoduto são meios viáveis de transporte de petróleo bruto. O meio preferido pela Índia para o transporte de petróleo bruto é o oleoduto. Tal deve-se ao facto de ser mais vantajoso do que os outros meios de transporte de petróleo bruto. As vantagens do transporte por oleoduto incluem: custos de transporte mais baixos, perdas de trânsito reduzidas, menor intensidade energética, economias de escala, segurança e fiabilidade (minimização das perturbações) e respeito pelo ambiente. O primeiro oleoduto a nível nacional foi instalado na Pensilvânia, de Bradford a Allen Town, em 1879, com cerca de 109 milhas de comprimento e 6 polegadas de diâmetro. Entre 1960 e 1963, a Oil India Limited instalou o primeiro oleoduto de petróleo bruto, com um comprimento de 1156 quilómetros, desde os campos petrolíferos de Naharkatiya e Moran até às refinarias de Guwahati e Barauni.

Rede e infra-estruturas de oleodutos da Nigéria

A Nigéria dispõe de uma rede de oleodutos que totaliza 5 001 km. Esta é constituída por 4 315 km de oleodutos multiprodutos e 666 km de oleodutos de petróleo bruto (PPMC, 2015). Estes oleodutos atravessam o país e formam uma rede que liga as 22 instalações de armazenamento de petróleo, as quatro refinarias, duas das quais estão localizadas em Port-Harcourt e uma em Kaduna e Warri, bem como os terminais offshore em Bonny e Escravos e os cais em Alas Cove, Calabar, Okirika e Warri. Este sistema de oleodutos é utilizado para transportar petróleo bruto para as refinarias de Port-Harcourt, Warri e Kaduna e tem um comprimento total de 719 quilómetros. Os oleodutos multiprodutos são utilizados para transportar produtos das refinarias e dos cais de importação para as 22 instalações de armazenamento de petróleo em vários locais do país. [333]A infraestrutura de armazenamento consiste em 22 depósitos de carga ligados por oleodutos de 6 a 8 polegadas de diâmetro, com uma capacidade instalada combinada de 1 266 890 toneladas de Premium Motor Spirit (PMS), 676 400 toneladas de querosene de dupla utilização (DPK), 1 007 900 toneladas de gasóleo para automóveis (AGO) e 74 000 toneladas de querosene de turbina de aviação (ATK).

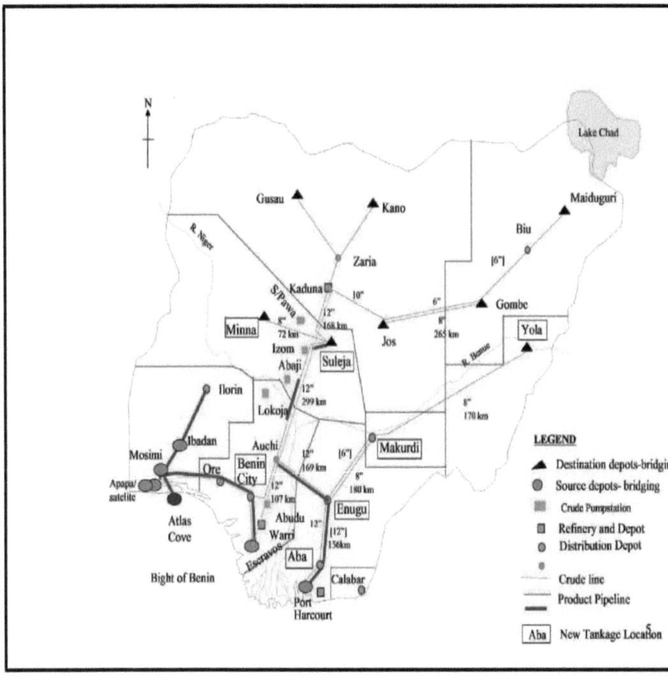

Figura 2.1: Rede de distribuição de oleodutos de petróleo bruto na Nigéria

Fonte: Pipelines and Products Marketing Company, 2015.

Intervenções em curso

De acordo com a definição da Atoms Energy (2015), uma usurpação é um obstáculo ou atividade dentro de um direito de passagem que é prejudicial, perigoso ou inconsistente. Isto significa que o direito de passagem do gasoduto deve estar livre de todas as formas de invasão, uma vez que estas põem em risco tanto o gasoduto como a área circundante. Por conseguinte, a manutenção de um trajeto claro e acessível é essencial para a segurança da conduta e para a segurança dos residentes da comunidade. Árvores, vedações, edifícios e outras obstruções podem dificultar a inspeção, manutenção e resposta de emergência da conduta. Por conseguinte, os proprietários podem utilizar os seus terrenos desde que essa utilização não interfira de forma injustificada com os direitos de servidão da conduta.

Nunca é demais sublinhar que deve ser mantido um direito de passagem livre e desobstruído para acesso às condutas. As obstruções colocadas no caminho pelos proprietários que interferem com a utilização segura ou eficiente da servidão devem ser removidas. As razões para desobstruir o direito de passagem dos gasodutos incluem: acesso fácil para inspecionar os gasodutos para manutenção de rotina ou de emergência, vistas desobstruídas do percurso para patrulhas e levantamentos aéreos e para evitar danos nas árvores, raízes e outros danos nos gasodutos.

Uma usurpação é uma atividade humana, estrutura, instalação ou outro melhoramento físico que invade a faixa de servidão de uma linha de transporte. O termo "usurpação" também se refere à utilização não autorizada de um direito de passagem em violação dos termos da servidão. As autoridades locais (normalmente o órgão legislativo da cidade, condado ou município) são responsáveis pela saúde, segurança e bem-estar dos residentes e pelo estabelecimento de regulamentos de desenvolvimento e de ordenamento do território. Nas zonas mais densamente povoadas, os planeadores profissionais fazem recomendações pormenorizadas sobre as normas de ordenamento, os planos de desenvolvimento e, em alguns casos, os planos globais. Algumas jurisdições também envolvem conselhos de planeamento no seu processo de planeamento. Embora existam muitas diferenças na forma como os governos locais estão estruturados, o ordenamento do território é importante em todas as comunidades. As principais decisões relativas ao planeamento da utilização dos solos, ao zonamento e ao desenvolvimento são geralmente tomadas pelo órgão legislativo eleito da administração local.

Um direito de passagem desimpedido torna as inspecções, que são frequentemente efectuadas a partir do ar, mais eficientes e eficazes. Outros métodos de inspeção, como as patrulhas de veículos e a pé, também requerem um direito de passagem livre. As medidas de prevenção de invasões devem ser aplicadas de forma cuidadosa, uniforme e consistente. Para evitar invasões, os proprietários e promotores imobiliários devem obter a aprovação das companhias de gasodutos para quaisquer planos que possam afetar a faixa de servidão do gasoduto. Os edifícios e as estruturas associadas não devem ser construídos no trajeto do gasoduto de transporte, uma vez que tal pode colocar os ocupantes do edifício muito perto do gasoduto e interferir com o funcionamento e a manutenção do mesmo (PIPA, 2010).

Interdependência entre urbanização e direitos de utilização de condutas

Nsiah-Gyabaah (2003) definiu a urbanização como a transição de uma sociedade rural para uma sociedade urbana. É um concomitante essencial da industrialização, que anda a par com o papel dos aglomerados humanos como motores do crescimento económico e promotores do desenvolvimento científico, sociocultural e tecnológico. A urbanização é o resultado do desenvolvimento social, económico e político. É um fator de desenvolvimento que acompanha a modernização, é um meio e uma consequência da modernização e tem um efeito positivo e acelerador do desenvolvimento.

O impacto da urbanização nas condutas está a aumentar todos os dias e a urbanização é um fenómeno que está sobretudo relacionado com o crescimento da população. Isto significa que a urbanização é incentivada com o aumento da população numa determinada área, o que pode afetar as condutas de uma forma ou de outra. A urbanização pode dever-se a uma melhoria do nível de vida, a uma economia próspera e a um grande afluxo de imigrantes, especialmente das zonas rurais. O resultado da urbanização é uma procura crescente de terrenos não urbanizados na zona, o que incentiva os residentes a invadir o trajeto do gasoduto. Além disso, a urbanização é frequentemente caracterizada por um aumento do desemprego e das taxas de criminalidade. Este facto acaba por provocar danos no traçado do gasoduto e, nalguns casos, é também incentivado o vandalismo (Nature, 2003).

Existe também uma inter-relação entre os gasodutos e as comunidades. Uma vez que os gasodutos influenciam as comunidades através da colocação dos tubos, os residentes locais também intervêm nos gasodutos, participando no desenvolvimento de estruturas e actividades ao longo do percurso do gasoduto. Muitos gasodutos foram colocados no solo há muitos anos. Ao longo do tempo, muitas mudanças devem ter ocorrido, algumas das quais levaram à urbanização, e o que antes era pasto é agora o quintal de alguém, um bairro residencial ou um novo negócio. Geralmente, não são permitidas quaisquer estruturas ou obstruções no trajeto do gasoduto. Os gasodutos também têm graves impactos sobre as pessoas e o ambiente, uma vez que o impacto da construção das estradas de acesso não foi devidamente avaliado ou não foi efectuado, ultrapassando frequentemente o impacto do traçado do gasoduto. O traçado das condutas que minimiza o comprimento das estradas de acesso pode ser eficaz. A monitorização e a manutenção são agora cada vez mais possíveis por helicóptero, o que reduz significativamente o impacto do projeto. De acordo com Goodland (2005), as condutas têm sido construídas acima do solo desde a década de 1950, mesmo quando atravessam terrenos acidentados como o permafrost e os pântanos. A abertura de valas para a construção de condutas enterradas constitui um impacto evidente, mas o enterramento e a restauração ajudam a normalizar a utilização dos terrenos, reduzindo os impactos a longo prazo e o risco de sabotagem, rupturas e acidentes de viação. As condutas acima do solo podem obstruir a passagem de pessoas, rebanhos de ovelhas, veículos e animais selvagens. Além disso, uma análise rigorosa do impacto dos gasodutos na comunidade e uma compensação adequada para as pessoas afectadas através de um plano de ação de reinstalação abrangente devem tornar-se uma norma. Nos casos em que os gasodutos tenham um impacto negativo na comunidade, deve ser implementada a reinstalação e a compensação pela aquisição de terras e pela perda de bens. Os grandes projectos de infra-estruturas, como os oleodutos e gasodutos e as barragens, devem beneficiar as comunidades que vivem nas zonas dos campos de petróleo e gás e ao longo dos oleodutos. No passado, estas comunidades apenas sentiram os impactos negativos do projeto, mas agora devem ser também beneficiárias.

No que diz respeito ao impacto dos oleodutos nas comunidades, desde a chegada da Texaco, a primeira companhia petrolífera do Equador, em 1968, a maioria das comunidades perdeu grande parte das suas terras e dos seus recursos florestais e foi afetada por epidemias e por uma poluição generalizada, todas elas consequências da construção de oleodutos na sua região. Isto facilitou o avanço dos colonos para a Amazónia ao longo do trajeto dos oleodutos. Os gasodutos dificultaram as actividades económicas dos habitantes das comunidades e impediram o crescimento e o desenvolvimento. Este facto levou também a conflitos sobre a propriedade da rota do gasoduto, centrados na cidade de Mindo, onde membros da comunidade local se envolveram em prolongada desobediência civil no alto das cristas da floresta nublada através da qual o gasoduto passava. A polícia equatoriana e as forças de segurança privadas reprimiram os residentes de Mindo e os seus apoiantes, o que levou a comunidade a reclamar violações dos direitos. Juntamente com uma ONG local, os residentes adquiriram vários milhares de hectares de terra, a maior parte dos quais se situa ao longo do trajeto do gasoduto. A disputa legal sobre os direitos de propriedade entre a empresa do gasoduto e os residentes locais continua a arrastar-se nos tribunais equatorianos (Soltani & Koenig, 2005).

À medida que a população dos Estados Unidos continua a crescer e a expandir-se em torno das áreas metropolitanas, o desenvolvimento perto das faixas de servidão das condutas existentes está a aumentar. Grande parte do desenvolvimento suburbano e exurbano está a ocorrer em áreas periféricas que têm sido as menos activas no planeamento e gestão do crescimento. Muitas destas zonas têm gasodutos de longa distância que foram construídos antes do início do desenvolvimento. Prevê-se que a procura de gás natural e petróleo aumente 36% entre 2002 e 2010. Por conseguinte, serão necessários mais gasodutos para abastecer tanto as zonas em crescimento como as zonas desenvolvidas. Com a urbanização crescente e o desenvolvimento de terrenos próximos dos gasodutos, bem como a construção de novas instalações para abastecer a população em crescimento, a probabilidade de os gasodutos serem danificados pela atividade humana nos direitos de passagem dos gasodutos também está a aumentar. Além disso, um maior número de pessoas pode ser afetado em caso de acidente, dado que mais pessoas vivem e trabalham perto das condutas e podem ficar feridas ou morrer (TRB, 2004).

No Brasil, o projeto do gasoduto afectou menos comunidades e teve um impacto indireto em terras indígenas, uma vez que envolveu terras dentro da área de influência, ou seja, num raio de 30 quilómetros do traçado do gasoduto. Devido a um planeamento e operações ineficientes, grandes partes do trajeto do gasoduto ficaram abertas durante a estação das chuvas. Em muitos sítios, não restou solo para uma revegetação eficaz (Ledec & Quintero, 2005).

O impacto dos proprietários e residentes no trajeto do gasoduto é uma questão importante. Muitos promotores imobiliários constroem edifícios sem primeiro considerarem o padrão do direito de passagem do gasoduto e a distância adequada exigida a partir do direito de passagem do gasoduto. Os trabalhos de construção efectuados perto de uma conduta podem pôr em risco e comprometer a segurança das condutas subterrâneas. A desobstrução das faixas de servidão das condutas deve, por conseguinte, ser efectuada por várias razões, a mais importante das quais é a segurança. Como já foi referido, a desobstrução de vias de conduta oferece várias vantagens operacionais, como a monitorização aérea para detetar escavações potencialmente prejudiciais ao longo da via da conduta e garantir visualmente que não ocorreram libertações ou perturbações.

Além disso, o livre acesso à conduta é crucial para a realização segura, eficiente e efectiva dos trabalhos de manutenção necessários. Além disso, o fácil acesso da empresa de gasodutos à conduta permite uma reação rápida em caso de emergência.

Há casos conhecidos de resistência municipal à construção de gasodutos. Aquando da construção de gasodutos através da cidade canadiana de Burnaby, foram criadas grandes servidões de passagem de 45 metros de largura para o gasoduto e para o pessoal da Kinder Morgan. Para além do ruído e da perturbação geral das estradas locais, os residentes e as empresas poderiam ser afectados sem compensação. O impacto líquido deste gasoduto no emprego e na economia de Burnaby seria negativo. O gasoduto prejudicaria centenas de empresas que são responsáveis pelo desenvolvimento económico e pela qualidade de vida nesta cidade próspera. Além disso, ameaçaria a qualidade de vida da cidade, limitaria as oportunidades de desenvolvimento, ignoraria planos cívicos de longa data e prejudicaria o ambiente (City of Burnaby, 2014).

Outro impacto negativo da intervenção no trajeto dos oleodutos é o problema das fugas de petróleo. As companhias petrolíferas afirmam que a maior parte do petróleo derramado no Delta do Níger se deve a sabotagem e roubo. Estes dois termos são muitas vezes utilizados indistintamente; no entanto, são dois fenómenos diferentes e a forma como são rotulados pode ser muito enganadora. A sabotagem é um fenómeno que tem ocorrido no Delta do Níger desde, pelo menos, a década de 1990. Geralmente envolve a danificação de condutas ou outras infra-estruturas petrolíferas para provocar fugas. Na década de 1990, quando a Shell declarou que 28% dos derrames de petróleo se deviam a sabotagem104 , a sabotagem era vista como uma forma de obter dinheiro da companhia petrolífera, quer diretamente como compensação, quer sob a forma de contratos de limpeza. Em meados da década de 2000, certos actos de sabotagem eram levados a cabo por grupos militantes, que podiam também incluir grandes ataques com explosivos. Estes ataques aos oleodutos diminuíram desde que o Governo amnistiou os grupos militantes. O roubo de petróleo é outro fenómeno. A maior parte dos roubos registados no Delta do Níger é cometida por grupos organizados que dispõem do equipamento necessário para abrir condutas e transportar petróleo em barcos para venda fora da Nigéria. A Shell afirma que a maior parte dos derrames de petróleo são provocados por bandos bem organizados que fazem escutas ilegais nos oleodutos para roubar grandes quantidades de petróleo bruto. A Agip também aponta para o problema do roubo de petróleo em grande escala, afirmando que existem organizações verdadeiramente estruturadas e grupos armados na região do Delta dedicados ao roubo de petróleo dos oleodutos. O objetivo deste roubo de petróleo não é perturbar as operações dos oleodutos de forma a chamar a atenção para o roubo (Amnistia Internacional, 2013).

Para além do impacto da comunidade na rota do oleoduto, há também alguns impactos significativos dos oleodutos na comunidade que afectam os padrões económicos, sociais, ambientais e de desenvolvimento da comunidade. Um dos principais impactos dos oleodutos no território é o projeto Sakhalin. Iniciado em 1994, o projeto Sakhalin-2 é considerado um dos maiores projectos integrados de petróleo e gás do mundo. Foi concebido para desenvolver e produzir petróleo e gás a partir de dois campos ao largo da costa da ilha de Sakhalin, a fim de abastecer o mercado da Ásia-Pacífico, em rápido crescimento. Após a conclusão em 2008, a Sakhalin Energy deve supervisionar a restauração do local e a restauração dos direitos de passagem ao longo do sistema de tubulação. Os requisitos do programa foram estabelecidos em conformidade com a avaliação de impacto ambiental e a análise técnica sobre a recuperação de terrenos perturbados e de habitats, definidas antes do início do projeto (GD, 2013).

Segurança do trajeto do gasoduto

O maior desafio para as agências de segurança na proteção das rotas dos oleodutos são os vândalos que aproveitam as intrusões de edifícios nas rotas dos oleodutos para cometer actividades criminosas notórias (Murray, 2012).

O vandalismo é um ato que envolve a destruição intencional de bens públicos ou privados. Na esfera civil, o vandalismo é a destruição intencional de propriedade pública ou estatal com intenção criminosa ou política. Este crime organizado é frequentemente apoiado e incentivado por organismos governamentais, dando-lhe a aparência de carta branca. Na Nigéria, o vandalismo nos oleodutos é também conhecido como "oil bunkering", ou seja, a perfuração de oleodutos com o objetivo de roubar produtos. A ocorrência constante de actos de vandalismo em oleodutos na Nigéria levantou a questão de saber se as redes de oleodutos foram instaladas de forma a evitar a vandalização fácil.

Há também a questão de saber se os oleodutos são monitorizados e protegidos de todo. Apesar da utilização de válvulas de segurança nos oleodutos, experiências recentes na Nigéria mostraram que a integridade e a segurança destes oleodutos são repetidamente comprometidas devido às actividades de vândalos e sabotadores. Os vândalos arrombam os oleodutos com a intenção criminosa de adquirir e apropriar-se de produtos petrolíferos para uso comercial ou pessoal. Este fenómeno deve-se em grande parte ao facto de, de uma forma ou de outra, ter havido invasões e ataques na rota do oleoduto (Okoli & Orinya 2013).

O vandalismo nas condutas é um problema sempre presente. No início de 2013, ocorreu um grande ato de vandalismo nos oleodutos na zona de Arepo, que resultou num grande incêndio e na interrupção do abastecimento de combustível à população. Recentemente, Arepo foi notícia por ter havido um tiroteio entre os vândalos dos oleodutos e as pessoas encarregadas de os proteger, que resultou na morte de um residente. Foi sugerido que o Governo do Estado de Ogun adquirisse um corredor de terra para uma ligação rodoviária Este-Oeste entre a estrada de Ikorodu a Sagamu e a autoestrada de Lagos a Ibadan para resolver os problemas com os oleodutos. Houve mesmo apelos para que esse corredor terrestre partisse de Ita-Oluwo e passasse por Imusin, Ajegunle, Bolorunduro, Imunti, Imegbon e fosse para noroeste até à junção dos oleodutos e mais para oeste, com uma ponte sobre o rio Owuru, para chegar à estrada com duas faixas de rodagem Arepo-Magboro. O desenvolvimento da área do outro lado do rio a partir de Arepo, em conjunto com a disponibilização de patrulhas armadas no rio, também levaria a uma redução significativa da vandalização dos oleodutos (Tony, 2015).

The Nation (2015) noticiou que membros de uma força especial de segurança conjunta que inclui o exército, a marinha, a força aérea e outras organizações paramilitares estão atualmente a vasculhar as áreas de Ikorodu e Arepo nos estados de Lagos e Ogun em busca de vândalos de oleodutos, especialmente aqueles que alegadamente raptaram oito agentes do Departamento de Segurança do Estado em setembro de 2015. Durante este período, a NNPC interrompeu o fornecimento de produtos petrolíferos da Baía de Atlas para os depósitos em Mosimi e Ejigbo, levando à escassez artificial de produtos petrolíferos em algumas partes do país.

Sobre a segurança da rota do gasoduto na comunidade de Arepo, The Nation (2015) relatou que um grupo que se intitula "Soldados da Floresta" tem enviado sinais de aviso ao Ministério da Segurança do Estado, aos militares e a outros agentes de segurança para que parem os ataques militares planeados a Ishawo, Arepo, Abule Oba e outras comunidades ao longo das zonas ribeirinhas de Lagos e do Estado de Ogun. É evidente que os vândalos ganharam muito terreno nestas áreas e se tornaram uma ameaça para a paz pública e a prosperidade económica da nação.

Cooper (2013), sobre a questão da segurança do direito de passagem dos oleodutos, argumentou que o funcionário da empresa de oleodutos deve inspecionar o estado da superfície em cada direito de passagem dos oleodutos ou adjacente a ele, a intervalos não superiores a três semanas, mas pelo menos 26 vezes por ano civil. Os métodos de inspeção incluem andar, conduzir, fazer levantamentos aéreos ou outros meios adequados para atravessar a faixa de servidão. Os agentes podem ter em conta muitas considerações que podem afetar a frequência das patrulhas necessárias. Em alguns casos, um agente pode considerar necessário patrulhar uma conduta mais do que as 26 vezes exigidas por ano civil. Além disso, podem ocorrer alterações de horário não planeadas que podem pôr em causa o cumprimento da frequência mínima de patrulha exigida. Os seguintes factores, entre outros, devem ser tidos em conta ao planear as patrulhas no itinerário: Intempéries, manutenção do trajeto. Além de inspecionar a faixa de servidão do gasoduto, os agentes devem estar atentos a sinais de invasão da faixa de servidão, vandalismo ou sabotagem, ou qualquer atividade ao longo da faixa de servidão que possa causar riscos ou restrições à segurança, integridade e funcionamento do gasoduto.

Pipeline Security and National Security Considerations, argumentou que os oleodutos e as instalações são activos estratégicos sensíveis que devem ser protegidos em todas as circunstâncias. Por esta razão, os países despenderão enormes recursos financeiros e materiais para garantir a integridade dos seus activos estratégicos. Em 2002, por exemplo, a Colômbia anunciou planos para treinar e armar forças especiais para proteger um importante oleoduto. O governo dos Estados Unidos apoiou a iniciativa e pediu ao Congresso que disponibilizasse 98 milhões de dólares no orçamento de 2003 para treinar, armar e fornecer apoio aéreo às tropas colombianas para proteger o oleoduto, que é propriedade conjunta da Occidental Petroleum Corporation e da companhia petrolífera estatal colombiana (GAO, 2002).

De acordo com Okoli & Orinya (2013), para garantir a segurança da rede de oleodutos e gasodutos, o governo adquiriu um direito de passagem de 3,5 metros de cada lado antes de colocar os oleodutos e os tubos foram enterrados a um metro de profundidade para evitar o contacto acidental. No entanto, acontecimentos recentes mostraram que a integridade e a segurança dos oleodutos foram comprometidas por vândalos que os perfuraram, provocando danos e rupturas.

Uma vez que a Nigéria tem uma economia monocultural que depende da exportação de petróleo para a sua sobrevivência, os oleodutos e as instalações são as artérias e as veias que transportam a força vital da riqueza económica da Nigéria sob a forma de petróleo bruto e dos seus produtos refinados para diferentes partes do país. A integridade das condutas na região deve ser inspeccionada regularmente para evitar rupturas nas condutas. O objetivo de qualquer programa de integridade das condutas é evitar que os problemas de integridade estrutural tenham um impacto significativo na segurança pública, no ambiente ou nas operações comerciais, identificando e aplicando as medidas mais eficazes de inspeção, monitorização e reparação. A melhoria da vigilância e a introdução de uma monitorização aérea e por satélite das instalações de condutas constituiria também uma medida de segurança eficaz. Esta medida servirá para prevenir e controlar o vandalismo e a invasão dos oleodutos, respondendo rapidamente a qualquer ato de abastecimento de petróleo, vandalismo nos oleodutos ou invasão da faixa de servidão dos oleodutos. Além disso, as agências de segurança devem ser destacadas em colaboração com jovens e líderes comunitários para monitorizar as rotas dos oleodutos e gasodutos, embora seja triste que alguns destes homens de segurança e aliados de confiança estejam a colaborar com os vândalos (Alawode & Ogunleye 2011).

Efeitos da alteração da utilização do solo sobre o direito de utilização do gasoduto

A utilização dos solos e as práticas de utilização dos solos referem-se normalmente às políticas e práticas dos governos locais que regulam o planeamento, o desenvolvimento e a utilização dos solos. Por esta definição, as medidas mais comuns de utilização do solo utilizadas para proteger a integridade das condutas são as acções tomadas pelos operadores de condutas para criar, inspecionar e fazer cumprir os seus próprios direitos sobre as condutas. As decisões de utilização do solo podem ter impacto nos riscos associados ao aumento da atividade humana na proximidade de condutas. As empresas de gasodutos, as autoridades de planeamento, os reguladores, os promotores, os proprietários privados e o público estão todos envolvidos, de uma forma ou de outra, nos direitos de passagem dos gasodutos que afectam a sua vizinhança imediata.

A autoridade das empresas de gasodutos para controlar a utilização do trajeto é determinada pela norma estabelecida pela autoridade de planeamento. As autoridades de planeamento assegurarão a aplicação adequada dos regulamentos relativos à utilização dos solos e aos direitos de passagem das condutas. As medidas de utilização dos terrenos podem reduzir o risco de interferência nas condutas, mantendo a atividade humana afastada da vizinhança imediata das condutas e minimizando a exposição das pessoas que vivem e trabalham perto de uma conduta de transporte em caso de incidente. Alguns estados estabelecem políticas de utilização dos solos ou impõem vários tipos de regulamentos de utilização e desenvolvimento dos solos para proteção contra riscos naturais. Apesar disso, a maioria dos governos locais não aborda as questões relacionadas com os direitos de passagem dos gasodutos. Isto é evidente em muitos estados nigerianos, que se caracterizam por uma invasão maciça das rotas dos oleodutos pelas comunidades. Nas comunidades onde isto acontece, existem poucas ou nenhumas normas nas quais se possam basear os planos de ordenamento e outros regulamentos de desenvolvimento. Algumas comunidades onde ocorreram incidentes com gasodutos estão a implementar decretos e outras medidas para reduzir os riscos colocados pelos gasodutos, mas estes decretos propostos não parecem basear-se numa avaliação sistemática dos riscos e dos custos.

Há muitas partes interessadas no sistema de condutas: decisores políticos, planeadores e peritos em conceção de sistemas, trabalhadores das condutas, funcionários locais, proprietários, residentes, empresas de condutas e associações comerciais. Todos eles devem estar conscientes dos riscos, para que possam ser dados conselhos informados. O envolvimento e a participação conjunta destas partes interessadas, uma comunicação eficaz, a formação e os procedimentos podem tornar mais eficaz a gestão dos riscos associados às operações com condutas. Os incidentes com condutas podem ter um impacto significativo na vida humana, nos bens e no ambiente. Isto sublinha o que foi dito anteriormente sobre o impacto dos gasodutos nas comunidades e o correspondente impacto das comunidades no trajeto dos gasodutos, ou seja, que tal como os gasodutos de transporte representam um risco para as suas imediações, as actividades humanas nas proximidades dos gasodutos também representam um risco para os gasodutos. Estes riscos aumentam com o crescimento da população, das zonas urbanas, da capacidade das condutas e da rede de condutas.

De acordo com o acima exposto, a segurança das condutas é uma responsabilidade partilhada. As decisões sobre a utilização dos terrenos e o controlo das actividades e do desenvolvimento nas proximidades das condutas de transporte podem ser tomadas pelo operador da conduta, pelas agências de segurança pública, pelos governos estaduais e locais e pelos promotores e proprietários de terrenos. As medidas adequadas de utilização do solo adoptadas pelas autoridades locais podem apoiar e complementar os esforços de uma empresa de gasodutos para proteger o trajeto e impedir utilizações que

pode constituir um risco para a segurança pública.

Muitas linhas de transmissão foram instaladas há décadas através de estados do cinturão do sol e da costa oeste escassamente povoados (TRB, 2004). Estas áreas estão agora a registar um rápido crescimento populacional, o que suscita preocupações quanto ao facto de cada vez mais pessoas viverem ou trabalharem perto de condutas. Além disso, muitos gasodutos que servem grandes cidades e atravessam áreas densamente povoadas foram construídos em áreas rurais escassamente povoadas na altura. Poucas destas áreas tinham regulamentos abrangentes de utilização do solo ou de zonamento na altura em que as condutas foram construídas. As áreas metropolitanas de crescimento mais rápido, que agora incluem frequentemente os seus antigos bairros periféricos, estão concentradas nos estados do sul e do oeste, onde se situa a maioria das linhas de transporte. No entanto, alguns estados, como o Texas, têm populações urbanas com um controlo mínimo ou nulo da utilização dos solos. Os lugares incorporados incluem muitas jurisdições que são demasiado pequenas para serem classificadas como áreas metropolitanas, mas que ainda assim têm mais de 100.000 residentes. As raízes das árvores também podem ser uma fonte de danos externos nas condutas, pelo que permitir a presença de árvores adultas nas faixas de servidão representa um risco para a segurança. Isto implica que as práticas agrícolas intensivas ao longo do trajeto da conduta também representam um risco para a segurança da conduta.

As decisões prudentes de utilização dos solos podem reduzir os riscos associados às condutas, minimizando a probabilidade e as consequências dos incidentes. A segurança das condutas é uma responsabilidade partilhada. As decisões sobre a utilização dos solos e o controlo das actividades e do desenvolvimento nas proximidades dos gasodutos de transporte podem ser tomadas pelo operador do gasoduto, pelas agências de segurança, pelas autoridades nacionais, estatais e locais e pelos proprietários dos terrenos. As medidas adequadas de utilização dos solos adoptadas pelas autoridades locais podem apoiar e complementar os esforços da companhia de gasodutos para proteger o traçado e excluir utilizações que possam constituir um risco para a segurança pública. As decisões racionais de utilização dos solos que proporcionem uma separação espacial adequada entre as pessoas e as condutas podem reduzir o risco associado ao aumento do número de pessoas na proximidade de condutas de transporte. As técnicas possíveis de utilização do solo incluem o estabelecimento de distâncias de separação, a regulamentação ou a proibição de determinados tipos de utilizações e estruturas, tais como escolas, hospitais e edifícios residenciais, perto de condutas de transporte (TRB, 2004).

CAPÍTULO 3

METODOLOGIA DE INVESTIGAÇÃO

Conceção da investigação

Investigação refere-se a uma investigação ou exame cuidadoso para procurar ou rever factos, princípios, teorias e aplicações; uma busca árdua e contínua da verdade (Wikcionário, 2015). "Research" é uma palavra composta ("re-search") e refere-se à busca renovada de um determinado tópico.

Por outras palavras, a investigação é um passo em frente para obter mais conhecimentos ou clareza sobre determinados tópicos, crenças, teorias ou ideias. Os académicos, cientistas e profissionais que realizam investigação são geralmente designados por investigadores.

Fontes de recolha de dados

O objetivo deste estudo é analisar os efeitos das intervenções municipais nos direitos de passagem de condutas (PROW). Para o efeito, são recolhidos dados de fontes primárias e secundárias.

Fonte primária de recolha de dados

As fontes de dados primários são obtidas através de reconhecimento e observação direta da área. Além disso, é utilizado um questionário estruturado para obter os dados necessários de inquiridos seleccionados aleatoriamente.

Fontes secundárias de recolha de dados

Os dados secundários incluem duas fontes principais: em primeiro lugar, dados de livros, artigos de seminários, revistas e outra literatura relevante para o estudo. Foram recolhidos dados importantes sobre os recursos geográficos, climáticos, económicos e minerais, bem como sobre o contexto geral da área de estudo.

A segunda fonte de dados secundários recolhidos para este estudo são as imagens Landsat da área de estudo.

População de investigação

A população de investigação para este estudo é a população total do município de Arepo. Há uma média de sete (7) pessoas por casa e quatro (4) agregados familiares por edifício (Fasakin 2000). Com base neste facto, a população total da área é o produto do número de agregados familiares existentes e do número de pessoas por agregado familiar. Com base nas imagens do Google Earth de Arepo, foi possível determinar o número total de 1933 edifícios com a ajuda do programa de cartografia ArcGIS.

O resultado é a população total estimada do município de Arepo:

1933 x 4= 7732 agregados familiares

(número de edifícios x agregado familiar por edifício)

7732 x 7= 54124

(número de agregados familiares x pessoas por agregado familiar)

Além disso, a população de Arepo foi estimada em 313 habitantes (NPC, 1991), com uma taxa de crescimento anual de 3,18%. Utilizando a taxa de crescimento anual de 3,18%, a população atual (estimada) poderia, portanto, ser extrapolada da seguinte forma

$$P_t=P_o+ (1+3,18/R)^{n}$$

em que P_t é a população da cidade

P_o é a estimativa do recenseamento

R é a taxa de crescimento da área

N é o intervalo de anos

Por conseguinte, $P_t=313\ (1+3,18/100)^{25}$

$=313\ (1.0318)^{25}$

$= 313\ (2.1872)$

$P_t\,(2016) = 685$ pessoas

Tamanho da amostra

A dimensão da amostra depende principalmente da população total da área de estudo. Quanto maior for a população, menor será o tamanho da amostra e vice-versa. Por conseguinte, a dimensão da amostra foi definida em relação à população total do município de Arepo. Foi selecionada uma amostra aleatória de 200 pessoas.

Técnica de amostragem

A fim de representar adequadamente a população, foi feita uma seleção aleatória estratificada. Este método garante que os questionários são distribuídos uniformemente pela comunidade.

Instrumento de recolha de dados

O instrumento de recolha de dados refere-se ao meio através do qual os dados podem ser recolhidos como parte do estudo. Os instrumentos de recolha de dados incluem: questionários estruturados contendo perguntas a que os inquiridos podem responder na sua perspetiva, software ArcGIS que foi utilizado para obter mapas e aceder às características geográficas (rio, classe de ocupação do solo e formas de relevo) na área.

Distribuição do questionário

Com base na população projectada do número total de edifícios na área, foi distribuído um total de 200 questionários estruturados aos residentes do município de Arepo. A impressão da declaração acima é apresentada de seguida:

Se dividirmos $P_{t(2016)}$ por 32, obtemos (a partir da taxa de crescimento 3,18 x 100)

54124/32= 1691

Utilização de 12 % de 1691,

1691 x (12/100)

1691 x 0.12 = 200

Métodos de análise de dados

São apresentados vários métodos de análise de dados para analisar os dados recolhidos. São utilizados quadros, gráficos, mapas e imagens como ferramentas úteis para apresentar e analisar os dados recolhidos, e os quadros e gráficos são utilizados para classificar os dados numéricos recolhidos. Os dados estatísticos relacionados com o número de inquiridos, o número de agregados familiares, o número de casos de vandalismo e outros serão analisados através de tabelas e gráficos. Além disso, serão utilizadas imagens de satélite, mapas e fotografias do local para recolher dados visíveis, tais como a rede de condutas que passa pela comunidade, um mapa da comunidade, a extensão da invasão da comunidade pela rota da conduta na área de estudo e muitos outros dados visuais relevantes.

Pedido de dados

Para este estudo, serão utilizadas imagens de satélite de alta e baixa resolução do município de Arepo. Isto fornecerá dados relevantes sobre as mudanças de uso do solo existentes na área e as características do terreno (montanhas, rochas, planaltos e rios) presentes na área. Além disso, as imagens Land Sat de 1986, 2000 e 2015 serão utilizadas para a análise de dados. Isto mostrará a tendência de urbanização que ocorreu na área durante estes anos e também a tendência de invasão que ocorreu na rota do gasoduto. Isto ajuda a monitorizar a tendência de perturbação do oleoduto na área de estudo e a criar um tampão em torno do percurso do oleoduto.

trajeto da conduta. A visualização e a interpretação dos dados de deteção remota também serão utilizadas neste estudo.

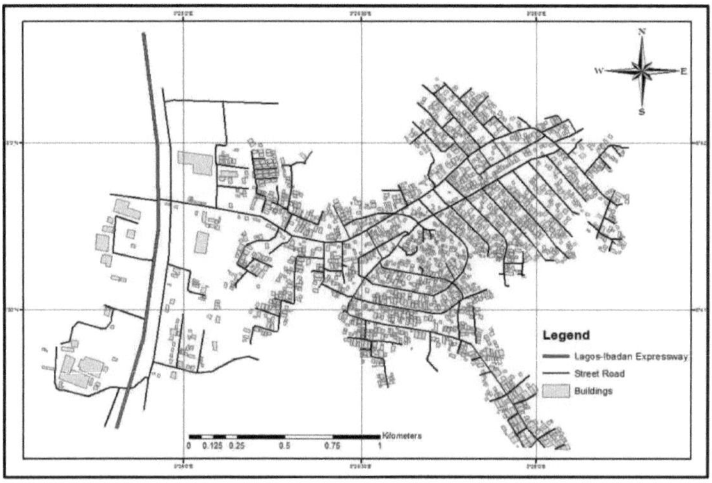

Fig. 3.1: Mapa digitalizado da zona de estudo

Fonte: Trabalho de campo do autor, 2016

A primeira fase da metodologia de investigação consiste em determinar a dimensão da amostra. Esta é determinada pela base de amostragem. A dimensão da amostra foi obtida a partir do número total de edifícios. O número total de edifícios digitalizados na área de estudo ascende a 1.933 edifícios. Trata-se de edifícios residenciais, comerciais, de uso misto, industriais e de lazer.

O segundo passo é a avaliação da infraestrutura de condutas na área de estudo. Isto inclui a criação de um shapefile para as condutas que atravessam o município

e digitaliza-os. Isto proporciona uma visão clara da infraestrutura de condutas existente na zona. Para o efeito, utiliza-se a ferramenta Arcmap.

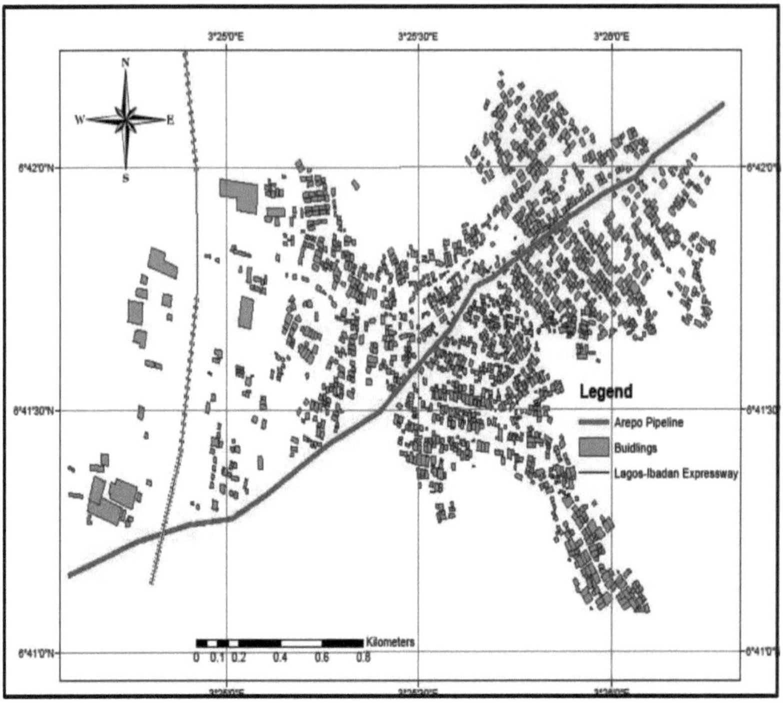

Fig. 3.2: Infra-estruturas de condutas existentes na área de estudo

Fonte: Trabalho de campo do autor, 2016

O buffer para a área de recuo padrão recomendada para a faixa de servidão do gasoduto é então estabelecido. Esta é uma abordagem que ajudará o estudo a determinar a largura apropriada do recuo recomendado que a comunidade deve manter a partir da faixa de servidão do oleoduto. O direito de passagem do oleoduto recomendado é de 50 pés, o que equivale a 15,24 metros.

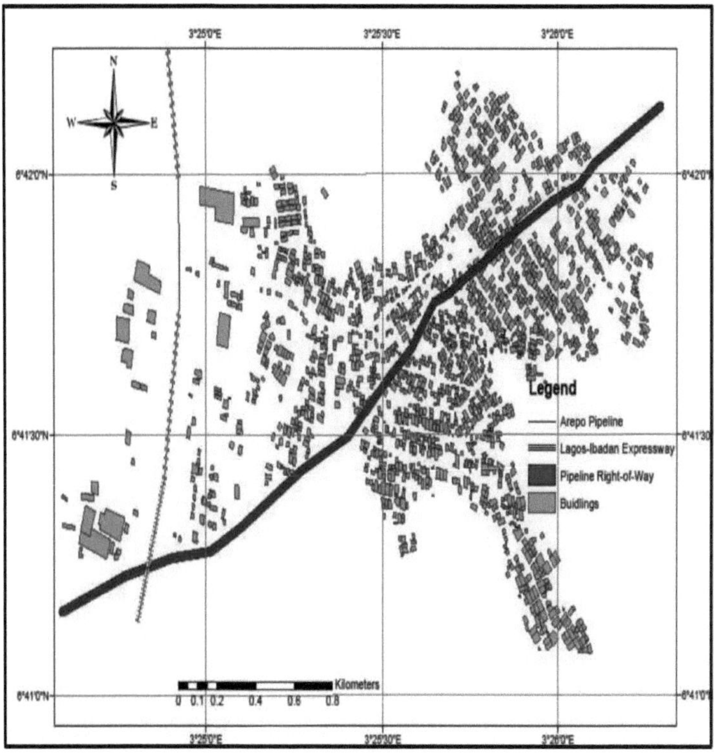

Fig. 3.3: Direito de passagem da tubagem padrão

Fonte: Trabalho de campo do autor, 2016

O buffer foi criado utilizando a ferramenta Buffer na caixa de ferramentas Arc do ambiente Arcmap. A ferramenta de buffer está localizada sob a ferramenta de Proximidade, que é um subconjunto da ferramenta de Análise na caixa de ferramentas do Arc. A caraterística a ser armazenada em buffer, a conduta, foi selecionada e utilizada como a caraterística de entrada para a interface de buffer. O buffer, que é de 50 pés, foi especificado na unidade linear para criar um buffer de 50 pés à volta da conduta.

CAPÍTULO 4

ANÁLISE DOS DADOS E RESULTADOS

Análise de dados

Os tipos de dados analisados para este estudo são:

(1) Respostas do questionário preenchido

(11) Imagens do LandSat

(12) 1 Respostas ao questionário

Os dados obtidos a partir do questionário sobre o impacto da interferência do município no direito de utilização do gasoduto foram categorizados nas secções seguintes:

(i) Informações gerais sobre os entrevistados

(ii) Informações gerais sobre a infraestrutura de gasodutos na região

(iii) Conhecimentos dos inquiridos sobre a deterioração do direito de passagem das condutas

(iv) Conhecimento dos inquiridos sobre a urbanização e o vandalismo na região

(v) Conhecimento dos inquiridos sobre o impacto da usurpação na segurança

Os resultados das categorias individuais com base nas estações visitadas estão resumidos nos quadros 4.1 a 4.19.

De acordo com o inquérito realizado no município de Arepo, 57% dos inquiridos são homens, enquanto 42,5% dos inquiridos são mulheres. Isto mostra claramente que há mais homens do que mulheres na zona. O género dos inquiridos é apresentado no Quadro 4.1.

Quadro 4.1: Género dos inquiridos

Sex	Frequency	Percentage
Male	115	57.5
Female	85	42.5
Total	**200**	**100.0**

Fonte: Trabalho de campo do autor, 2016

Ao longo do estudo, 7,5% dos inquiridos têm entre 18 e 20 anos, 46,5% dos inquiridos têm entre 26 e 35 anos, 20% dos inquiridos têm entre 36 e 46 anos, 14% têm entre 46 e 65 anos e os restantes 12% têm mais de 65 anos. Daqui se pode deduzir que a maioria da população pertence à classe trabalhadora. A Tabela 4.2 apresenta os dados sobre a idade dos inquiridos.

Quadro 4.2: Idade dos inquiridos

Age	Frequency	Percentage
18-25	15	7.5
26-35	93	46.5
36-45	40	20.0
45-65	28	14.0
>65	24	12.0
Total	**200**	**100.0**

Fonte: Trabalho de campo do autor, 2016

Cerca de 20 % dos inquiridos trabalham na agricultura, 28 % dos inquiridos são comerciantes, 33,5 % são funcionários públicos, 14 % são artesãos e os restantes 4,5 % dos inquiridos estão desempregados. Daqui se pode facilmente deduzir que a maioria dos habitantes trabalha para o governo. A maior parte deles tem o seu emprego na megacidade, mas instala-se no município devido ao baixo custo de vida.

Quadro 4.3: Profissões dos residentes

Occupation	Frequency	Percentage
Farming	40	20.0
Trading	56	28.0
Civil service	67	33.5
Artisan	28	14.0
Unemployed	9	4.5
Total	**200**	**100.0**

Fonte: Trabalho de campo do autor, 2016

Quando questionados sobre o seu nível de educação, 18,5% dos inquiridos afirmaram ter apenas o ensino primário, 43,5% frequentaram o ensino secundário, 25,5% tinham um diploma universitário, 7,5% afirmaram não ter qualquer educação formal e os restantes afirmaram ter um mestrado. Isto mostra que uma percentagem esmagadora dos inquiridos sabe ler e escrever.

Quadro 4.4: Habilitações literárias dos entrevistados

Education	Frequency	Percentage
Primary	37	18.5
Secondary	87	43.5
Tertiary	51	25.5
Illiterate	15	7.5
Masters	10	5.0
Total	**200**	**100.0**

Fonte: Trabalho de campo do autor, 2016

Quando lhes foi perguntado há quanto tempo viviam na zona, 24,5% dos inquiridos disseram que viviam na comunidade há menos de 5 anos, 20% viviam entre 5 e 10 anos, 21,5% viviam entre 11 e 15 anos e 34% disseram que viviam na zona há mais de 15 anos. Isto mostra que uma maior percentagem vive na zona há mais de 10 anos, o que sugere que o crescimento da zona se deve principalmente à imigração de residentes durante estes anos.

Quadro 4.5: Duração da estadia dos entrevistados

Length of Stay	Frequency	Percentage
Below 5yrs	49	24.5
5-10yrs	40	20.0
11-15yrs	43	21.5
>15yrs	68	34.0
Total	**200**	**100.0**

Fonte: Trabalho de campo do autor, 2016

De acordo com os inquiridos, 57% acreditam que o comércio é o principal fator de atração para a zona, 43% acreditam que isto se deve à procura de emprego e a actividades relacionadas com o emprego, enquanto nenhum dos inquiridos citou a exploração madeireira como o principal fator de atração para a zona. Daqui se pode deduzir que as actividades comerciais dominam os motivos das pessoas que visitam e fazem negócios na zona.

Tabela 4.6: Fator de atração para o município

Factor	Frequency	Percentage
Lumbering	0	0.00
Trading	114	57.0
Employment	86	43.0
Total	**200**	**100.0**

Fonte: Trabalho de campo do autor, 2016

Quando questionados sobre o impacto do gasoduto que atravessa a comunidade na zona, 42% dos inquiridos afirmaram que o gasoduto tem um impacto positivo na zona, enquanto 58% dos inquiridos consideraram que o impacto do gasoduto na comunidade é negativo. Isto mostra que as reacções dos residentes ao gasoduto que atravessa a comunidade são mistas, embora o impacto global do gasoduto na comunidade possa ser considerado negativo.

Quadro 4.7: Impacto do gasoduto na comunidade

Impact	Frequency	Percentage
Positive	84	42.0
Negative	116	58.0
Total	**200**	**100.0**

Fonte: Trabalho de campo do autor, 2016

Foi pedida aos inquiridos a sua opinião sobre as medidas de segurança ao longo do trajeto do gasoduto. 66% concordaram que as medidas de segurança ao longo do trajeto do gasoduto são implementadas sob a forma de sinais de "Proibida a passagem", 12,5% acreditam que o trajeto é monitorizado por pessoal, 11% acreditam que o trajeto é patrulhado e os restantes 10,5% afirmaram que não são implementadas medidas de segurança para proteger o trajeto do gasoduto. A partir dos dados acima, é evidente que a medida de segurança mais comummente praticada ao longo dos direitos de passagem do gasoduto é a utilização de sinais de "proibido transgredir", que a maioria dos inquiridos referiu. No entanto, a utilização de sinais, por si só, não pode ser considerada a medida mais eficaz para garantir o livre direito de passagem das condutas.

Quadro 4.8: Medidas de segurança no caminho para o oleoduto

Measures	Frequency	Percentage
"No Trespass" Signs	132	66.0
Personnel monitoring	25	12.5
ROW Patrol	22	11.0
None of the above	21	10.5
Total	**200**	**100.0**

Como se pode ver na Tabela 4.9, 30% dos inquiridos viviam a menos de 50 pés do trajeto do oleoduto, 40% viviam entre 51 e 100 pés do trajeto do oleoduto, 17,5% viviam entre 101 e 200 pés do trajeto do oleoduto, e aproximadamente 12,5% viviam a mais de 200 pés do trajeto do oleoduto. A partir da informação recolhida sobre a distância das casas ao trajeto da conduta, pode deduzir-se que a maioria dos inquiridos invadiu o trajeto da conduta.

Tabela 4.9: Distância da casa à faixa de servidão do gasoduto

Distance	Frequency	Percentage
<50fts	60	30.0
51-100fts	80	40.0
101-200fts	35	17.5
above 200fts	25	12.5
Total	**200**	**100.0**

Os inquiridos foram questionados sobre o nível de desenvolvimento da zona. 9% dos inquiridos classificaram o nível de desenvolvimento como muito bom, 19% como bom, 45% como médio, 13% como mau e os restantes 14% como muito mau. Das opiniões dos inquiridos, pode deduzir-se que o nível de desenvolvimento e urbanização da zona é bastante bom. Isto significa que a zona ainda se encontra em fase de desenvolvimento e está em constante evolução.

Quadro 4.10 Estado de desenvolvimento

Level	Frequency	Percentage
Very good	18	9.0
Good	38	19.0
Fair	90	45.0
Poor	26	13.0
Very poor	28	14.0
Total	**200**	**100.0**

Fonte: Trabalho de campo do autor, 2016

De acordo com os inquiridos, 22% afirmaram que o uso predominante do solo na zona é o comercial, 70,5% afirmaram que é o residencial, 4% consideraram que é o industrial e 3,5% consideraram que nenhum dos usos do solo é predominante. As opiniões dos inquiridos revelam claramente que a zona é principalmente residencial. A maior parte dos residentes que trabalham na mega-cidade tendem a instalar-se nesta zona, uma vez que fica perto da cidade e o custo de vida é baixo em comparação com o da cidade.

Tabela 4.11: Uso predominante do solo

Land Use	Frequency	Percentage
Commercial	44	22.0
Residential	141	70.5
Industrial	8	4.0
All of the above	7	3.5
Total	**200**	**100.0**

Fonte: Trabalho de campo do autor, 2016

A Tabela 4.12 mostra que 76% dos inquiridos consideram que o impacto dos estrangeiros na região é positivo, enquanto os outros 24% consideram que o impacto é negativo. Pode deduzir-se daqui que o afluxo de estrangeiros à zona contribui grandemente para o crescimento e desenvolvimento da zona. Também conduziu a uma rápida urbanização da zona.

Quadro 4.12: Efeitos dos estrangeiros

Impact	Frequency	Percentage
Positive	152	76.0
Negative	48	24.0
Total	**200**	**100.0**

Fonte: Trabalho de campo do autor, 2016

Sobre a questão da resposta da comunidade aos derrames de petróleo, 22% dos inquiridos indicaram que a comunidade comunica os casos de derrames de petróleo às autoridades de segurança, 25,5% indicaram que evacuam a área quando ocorrem derrames de petróleo, 44,5% concordaram que a comunidade aproveita os derrames de petróleo para recolher petróleo bruto quando há um é um caso de derrame de petróleo e os restantes 8% afirmam que o município não faz nada quando ocorre um derrame de petróleo. A partir das estatísticas acima referidas, pode deduzir-se que a maioria dos residentes vê um derrame de petróleo como uma oportunidade para destruir o oleoduto, a fim de enriquecer no mercado negro.

Quadro 4.13: Resposta da comunidade a um derrame de hidrocarbonetos

Response	Frequency	Percentage
Report to security agency	44	22.0
Evacuate from area of spill	51	25.5
Vandalize the pipeline	89	44.5
Do nothing	16	8.0
Total	**200**	**100.0**

Fonte: Trabalho de campo do autor, 2016

Como mostra a Tabela 4.14, 485 dos inquiridos acreditam que os vândalos que atacam os oleodutos estão localizados nos riachos, 7,5% acreditam que eles vivem dentro da comunidade, 27,5% afirmam que eles vêm de outras comunidades e os restantes 17% não fazem ideia de onde os vândalos estão localizados. A partir da informação recolhida sobre o paradeiro dos vândalos que perturbam os oleodutos, pode deduzir-se, de um modo geral, que os vândalos ficam à volta dos riachos porque estes estão isolados da comunidade e servem-lhes de esconderijo quando as agências de segurança os querem localizar.

Quadro 4.14: Localização dos vândalos

Location	Frequency	Percentage
Creeks	96	48.0
Within the community	15	7.5
Other communities	55	27.5
No idea	34	17.0
Total	**200**	**100.0**

Fonte: Trabalho de campo do autor, 2016

Os inquiridos foram questionados sobre os riscos associados à invasão da faixa de servidão do gasoduto. 47,5% dos inquiridos concordaram que o risco de perda de vidas é muito elevado quando a rede de oleodutos é invadida, 4% acreditam que as pessoas que constroem as suas casas ao longo da rede de oleodutos correm o risco de serem assaltadas, 22,5% acreditam que o risco está relacionado com o estado de saúde, enquanto os restantes 26% acreditam que não existe qualquer risco associado à invasão da rede de oleodutos. Pode deduzir-se daqui que o risco de morte por explosões que podem ocorrer em caso de derrame de petróleo é o maior perigo a que os residentes locais estão expostos. No entanto, uma pequena percentagem de inquiridos não vê qualquer perigo em construir na rota do oleoduto, uma vez que os oleodutos estão enterrados abaixo da superfície.

Quadro 4.15: Risco de invasão do direito de passagem do gasoduto

Danger	Frequency	Percentage
Risk of loss of life	95	47.5
Armed robbery attack	8	4.0
Health danger	45	22.5
No danger	52	26.0
Total	**200**	**100.0**

Fonte: Trabalho de campo do autor, 2016

No que diz respeito à competência das autoridades de segurança do município, 27% dos inquiridos consideraram as autoridades de segurança muito competentes, 23% consideraram-nas competentes e 50% pensaram que as autoridades de segurança não eram competentes. Isto indica que a competência das autoridades de segurança do município é questionável, uma vez que a grande maioria dos inquiridos considera que estas não estão a fazer o suficiente para proteger os residentes da zona.

Quadro 4.16: Responsabilidade do organismo de segurança

Competence	Frequency	Percentage
Very competent	54	27.0
Competent	46	23.0
Incompetent	100	50.0
Total	**200**	**100.0**

Fonte: Trabalho de campo do autor, 2016

Os residentes foram questionados sobre a sua opinião relativamente à segurança. 14% afirmaram que se sentem muito seguros, 10,5% afirmaram que se sentem razoavelmente seguros na comunidade, 62% afirmaram que não se sentem muito seguros e os restantes 13,5% afirmaram que não se sentem seguros na comunidade. Isto indica que a maioria dos inquiridos não se sente segura mesmo quando realiza as suas tarefas diárias. O medo do vandalismo e a possibilidade de o oleoduto explodir estão presentes nas suas mentes todos os dias.

Quadro 4.17: Segurança de residência

Safety	Frequency	Percentage
Very safe	28	14.0
Quite safe	21	10.5
Not too safe	124	62.0
Unsafe	27	13.5
Total	**200**	**100.0**

Fonte: Trabalho de campo do autor, 2016

Quando questionados sobre a adequação da segurança do trajeto das condutas, 21% dos inquiridos responderam que as condutas são suficientemente seguras, 65% concordaram plenamente que a segurança do trajeto das condutas é bastante adequada e os restantes 14% concordaram que a segurança do trajeto das condutas é inadequada. Isto mostra claramente que a faixa de rodagem das condutas é bastante segura. No entanto, as actividades dos vândalos contribuem grandemente para a segurança inadequada do trajeto da conduta.

Quadro 4.18: Segurança do direito de conduta

Adequacy	Frequency	Percentage
Adequate	42	21.0
Fairly adequate	130	65.0
Inadequate	28	14.0
Total	**200**	**100.0**

Fonte: Trabalho de campo do autor, 2016

Quando questionados sobre as possíveis medidas de segurança que poderiam melhorar a segurança do trajeto do gasoduto, 4,5% dos inquiridos consideraram que a utilização de sinais de "proibido transgredir" era a melhor medida, 7% concordaram que a vigilância aérea do trajeto do gasoduto era a melhor técnica de segurança, 32,5% consideraram que o pessoal de segurança deveria patrulhar regularmente o trajeto do gasoduto, 4,5% eram a favor da aplicação de regulamentos pela autoridade de planeamento urbano contra as casas localizadas no trajeto do gasoduto. 51,5% acreditam firmemente que a utilização de todas as técnicas disponíveis é a melhor forma de garantir a segurança no trajeto do gasoduto.

Quadro 4.19: Medidas de segurança propostas na faixa de servidão do gasoduto

Recommended Measures	Frequency	Percentage
"No Trespass" signs	9	4.5
Aerial surveillance	14	7.0
Security patrol along pipeline right-of-way	65	32.5
Enforcement of regulation against building along pipeline right-of-way	9	4.5
All of the above	103	51.5
Total	**200**	**100.0**

Fonte: Trabalho de campo do autor, 2016

4.1.2 Correlação a partir de imagens LandSat

Foram criados mapas de suscetibilidade ao risco. Foram utilizados buffers a várias distâncias para determinar a extensão do impacto na faixa de servidão do gasoduto e para determinar o grau de risco para os residentes da área de estudo a várias distâncias. Os mapas de vulnerabilidade são apresentados nas Figuras 4.1 a 4.9. Foram também utilizadas séries de imagens baseadas no tempo para apoiar o estudo. As imagens LandSat classificadas de 1986, 2000 e 2015 são apresentadas nas Figuras 4.10, 4.12 e 4.14, respetivamente. As representações analíticas das imagens são apresentadas nos diagramas das Figuras 4.11, 4.13 e 4.15, que mostram a tendência de urbanização ao longo dos anos considerados. Os resultados destes diagramas e análises são sintetizados nos Quadros 4.20 a 4.24.

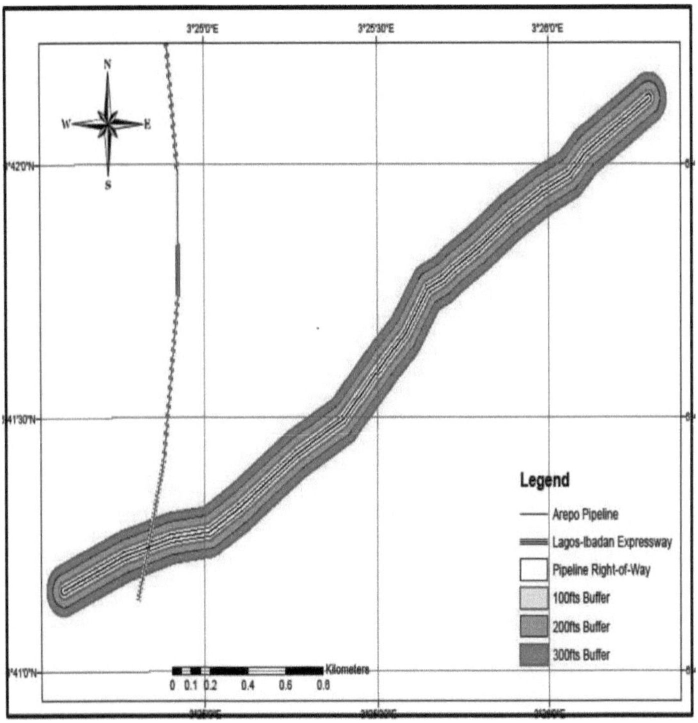

Figura 4.1: Diferentes distâncias de proteção em relação aos direitos de passagem do trajeto da conduta

Fonte: Trabalho de campo do autor, 2016

A Figura 4.1 mostra as diferentes zonas tampão a que está sujeito o nível de perigo dos residentes. Foram utilizadas cores diferentes para representar as diferentes zonas-tampão na área de estudo. A cor laranja representa a zona tampão de 300 pés, a cor-de-rosa a zona tampão de 200 pés, a cor azul ciano a zona tampão de 100 pés, enquanto a faixa branca representa o "direito de passagem" da conduta.

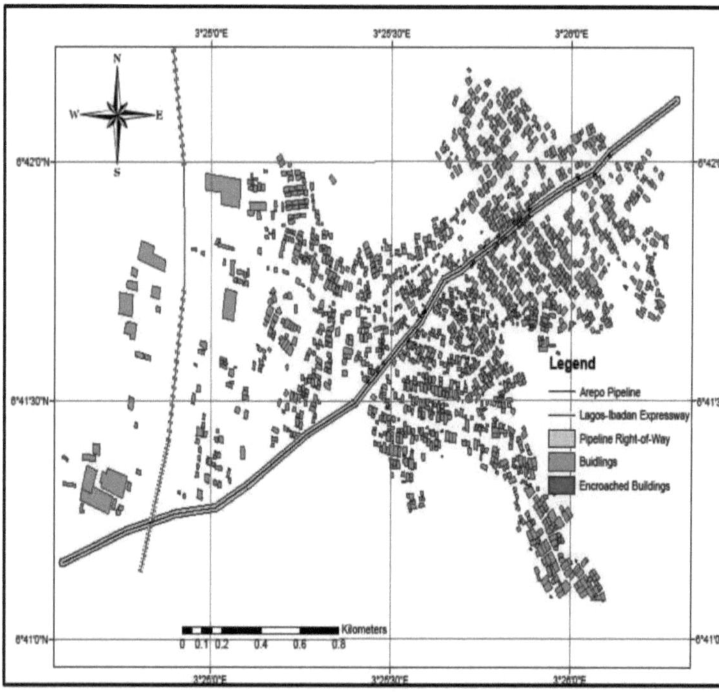

Fig. 4.2: Mapa que mostra os edifícios que invadem a faixa de servidão do gasoduto

Fonte: Trabalho de campo do autor, 2016

A Figura 4.2 mostra os edifícios que são afectados pela faixa de servidão da conduta. Os edifícios sobreconstruídos são mostrados a vermelho, a cor azul clara representa a faixa de servidão da conduta com 50 m de comprimento, que também tem 15,24 m de comprimento. O número total de edifícios construídos sobre a faixa de servidão da conduta na área de estudo é de 26 edifícios e o número total estimado de pessoas nesta zona é de 728. Isto significa que cerca de 728 pessoas violaram o regulamento da distância padrão para a faixa de servidão da conduta.

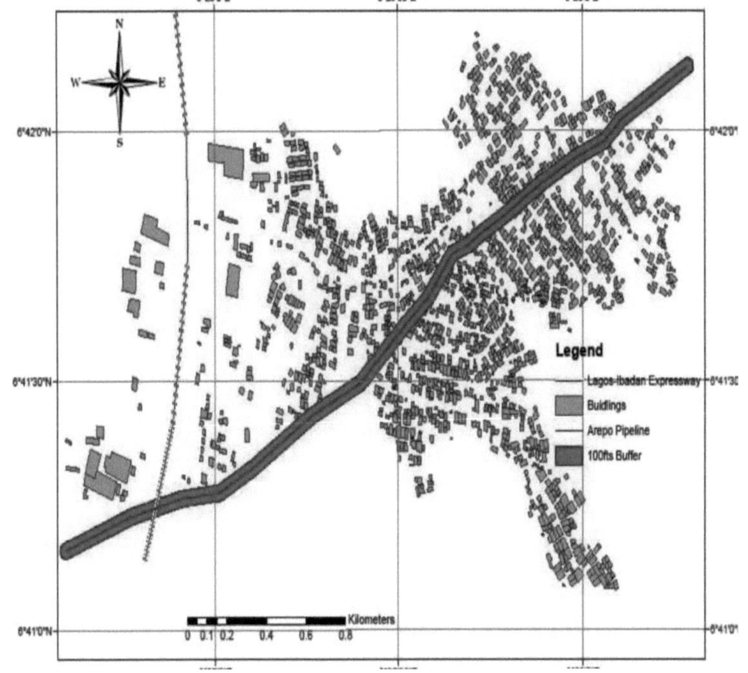

Fig. 4.3: Mapa com 100 pés de proteção para o oleoduto

Fonte: Trabalho de campo do autor, 2016

A Figura 4.3 mostra o buffer de 100 pés. A zona tampão é representada pela faixa vermelha, os edifícios circundantes pela cor castanha, enquanto a conduta é representada pela faixa preta. A partir da figura acima, pode ver-se que alguns edifícios abaixo desta zona tampão foram cortados. O buffer foi criado utilizando a ferramenta de buffer. Os 100 pés são apresentados como 30,48m.

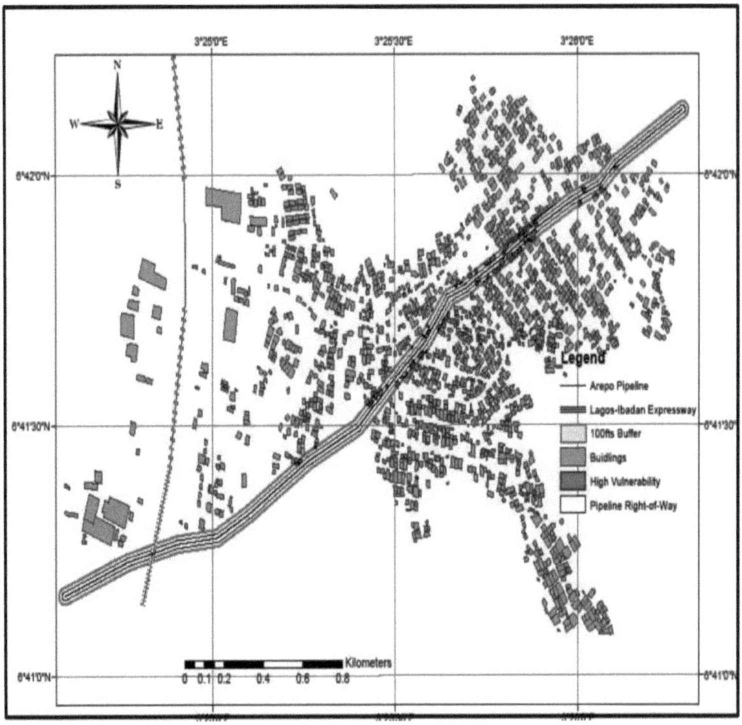

Fig. 4.4: Edifício na zona de proteção de 100 pés para a conduta

Fonte: Trabalho de campo do autor, 2016

A Figura 4.4 mostra os edifícios a uma distância de 100 pés da conduta. As casas nesta zona são mostradas com uma cor púrpura, a conduta com uma risca preta e o tampão com uma cor azul ciano. O número total de edifícios nesta zona é de 78 edifícios com uma população estimada de 2.184 pessoas. Os edifícios desta zona são considerados de alto risco em caso de explosão do oleoduto.

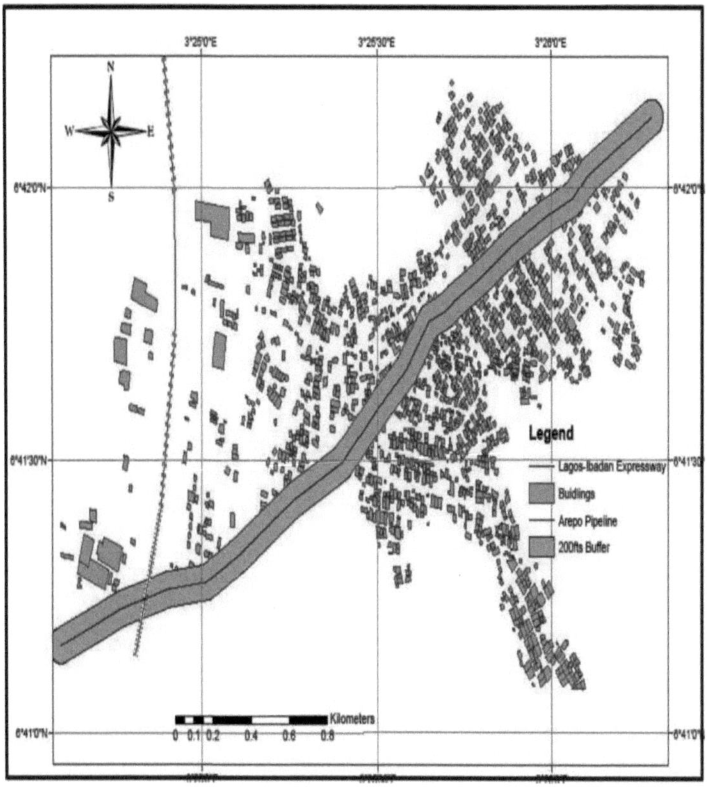

Fig. 4.5: Mapa com 200 pés de tampão para o gasoduto

Fonte: Trabalho de campo do autor, 2016

A Figura 4.5 mostra o buffer de 200 pés. A zona tampão é representada pela faixa cor-de-rosa, os edifícios circundantes pela cor castanha, enquanto a conduta é representada pela faixa preta. Pode ser visto na figura acima que alguns edifícios abaixo desta zona tampão foram cortados. O buffer foi criado utilizando a ferramenta de buffer. 200ft é mostrado como 60.96m.

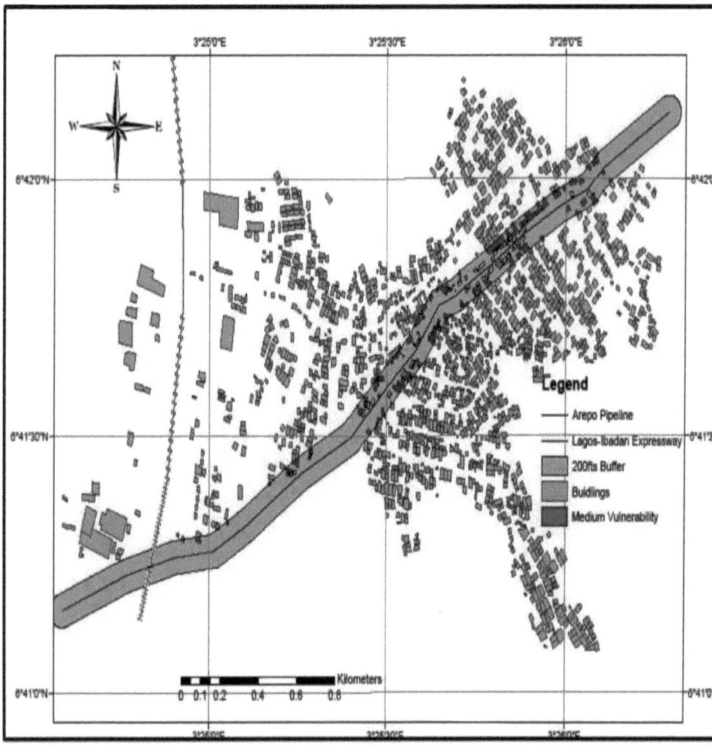

Fig. 4.6: Edifício na zona de proteção de 200 pés do oleoduto

Fonte: Trabalho de campo do autor, 2016

A Figura 4.6 mostra os edifícios na zona tampão de 200 pés para a conduta. As casas nesta zona são apresentadas a vermelho, a conduta a preto e a zona tampão a cor-de-rosa. O número total de edifícios nesta zona é de 89 edifícios com uma população estimada de 2.492 pessoas. Os edifícios desta zona são classificados como de risco médio em caso de explosão de um oleoduto.

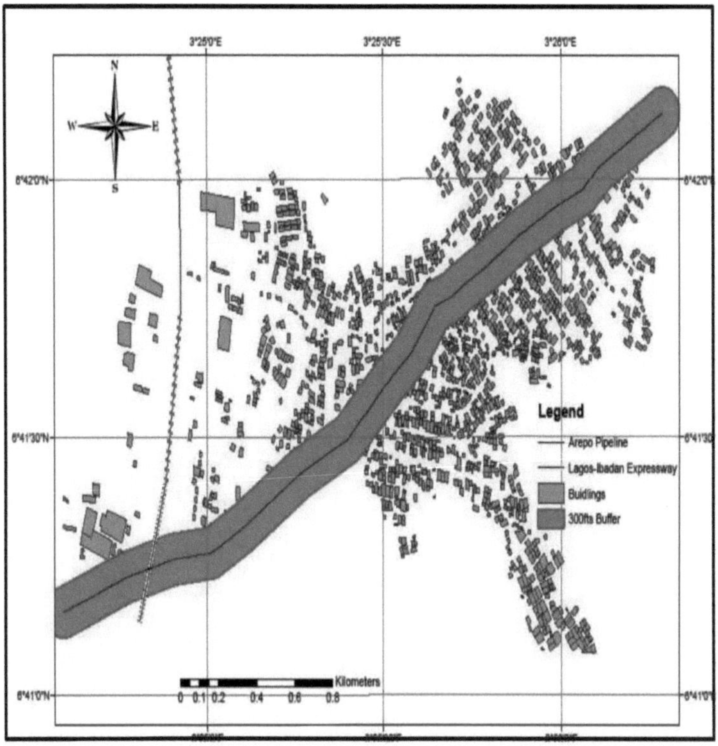

Fig. 4.7: Mapa com 300 pés de tampão para o gasoduto

Fonte: Trabalho de campo do autor, 2016

A Figura 4.7 mostra o buffer de 300 pés. A zona tampão é representada por uma faixa castanha, os edifícios circundantes são representados pela cor castanha, enquanto a conduta é representada por uma faixa preta. Pode ser visto na figura acima que alguns edifícios abaixo desta zona tampão foram cortados. O buffer foi criado utilizando a ferramenta de buffer. A distância de 300 metros é dada como 91,44 metros.

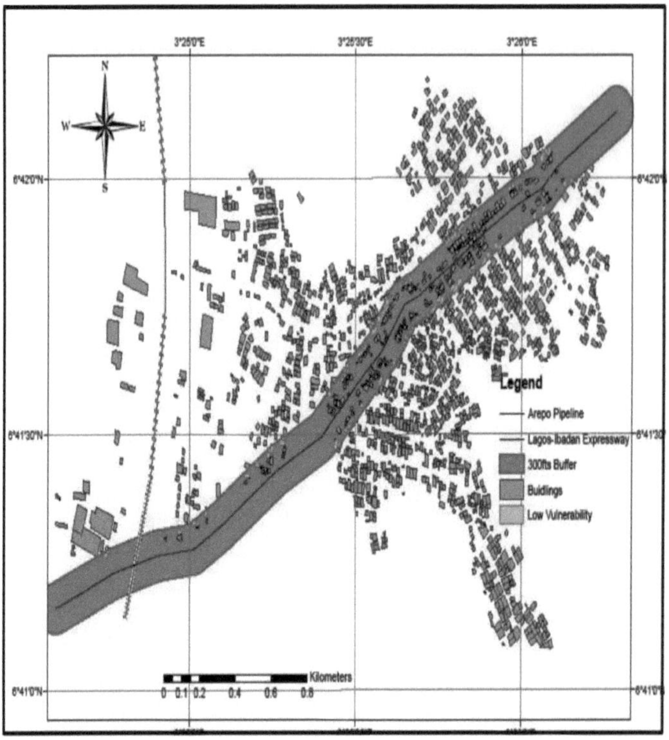

Fig. 4.8: Edifício na zona de proteção de 300 pés do oleoduto

Fonte: Trabalho de campo do autor, 2016

A Figura 4.8 mostra os edifícios a uma distância de 300 pés da conduta. As casas nesta zona são apresentadas a azul ciano, a conduta com uma risca preta e o tampão a castanho. O número total de edifícios nesta zona é de 147 edifícios com uma população estimada de 4.116 pessoas. Os edifícios desta zona são considerados de baixo risco em caso de explosão de um oleoduto.

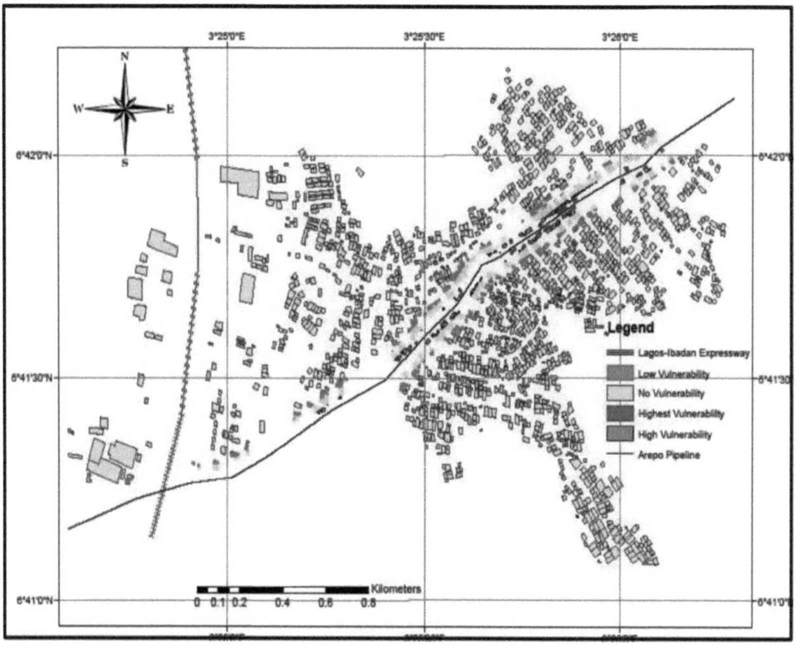

Fig. 4.9: Área de estudo com diferentes graus de risco

Fonte: Trabalho de campo do autor, 2016

A Figura 4.9 mostra a área de estudo em diferentes níveis de perigosidade. Foram identificados quatro níveis de perigo na análise: o perigo mais elevado, o perigo elevado, o perigo médio, o perigo baixo e a ausência de perigo. Foram utilizadas cores diferentes para representar os níveis de perigo: O vermelho representa os edifícios com o nível de risco mais elevado, o azul-marinho o nível de risco elevado, o verde o nível de risco baixo e o amarelo-manteiga a zona sem risco.

Os níveis de perigo indicam o impacto das explosões de oleodutos que podem resultar do abastecimento incessante de petróleo, da sabotagem e de acidentes domésticos com fogo. Isto pode levar a mais mortes e danos materiais devido aos efeitos do incidente com o oleoduto.

O nível de perigo mais elevado define a zona que será mais afetada em caso de explosão de um oleoduto. A estimativa do número total de pessoas afectadas nesta zona é apresentada abaixo:

(número de edifícios) x (agregados familiares por edifício)

26 x 4 = 104 agregados familiares

(número de agregados familiares) x (pessoas por agregado familiar)

104 x 7 = 728 pessoas

Isto significa que cerca de 728 pessoas de 104 agregados familiares serão afectadas pelas consequências das alterações climáticas.

Conduta.

O nível de risco elevado representa a zona que será mais gravemente afetada em caso de acidente com um oleoduto. O número total estimado de pessoas afectadas nesta zona é apresentado abaixo:

(número de edifícios) x (agregados familiares por edifício)

78 x 4 = 312 agregados familiares

(número de agregados familiares) x (pessoas por agregado familiar)

312 x 7 = 2184 pessoas

Isto significa que cerca de 2184 pessoas de 312 agregados familiares serão significativamente afectadas pelo gasoduto.

O nível de risco médio define a zona que é ligeiramente afetada em caso de explosão de um oleoduto. A estimativa do número total de pessoas afectadas nesta zona é apresentada abaixo:

(número de edifícios) x (agregados familiares por edifício)

89 x 4 = 356 agregados familiares

(número de agregados familiares) x (pessoas por agregado familiar)

356 x 7 = 2492 pessoas

Isto significa que cerca de 2492 pessoas de 356 agregados familiares serão afectadas pelo gasoduto se o risco for classificado como médio.

O nível de perigo baixo define a zona que é apenas insignificantemente afetada por uma explosão de um oleoduto. O número total estimado de pessoas afectadas nesta zona é apresentado abaixo:

(número de edifícios) x (agregados familiares por edifício)

147 x 4 = 588 agregados familiares

(número de agregados familiares) x (pessoas por agregado familiar)

588 x 7 = 4116 pessoas

Isto significa que cerca de 4116 pessoas de 588 agregados familiares serão apenas marginalmente afectadas pelo oleoduto neste nível de risco médio. O nível "Não em risco" define a zona que não é afetada por uma explosão do oleoduto. É também designada por zona de segurança. O número total estimado de pessoas afectadas dentro desta zona é apresentado abaixo:

(número de edifícios) x (agregados familiares por edifício)

1593 x 4 = 6372 agregados familiares

(número de agregados familiares) x (pessoas por agregado familiar)

6372 x 7 = 44604 pessoas

Isto significa que cerca de 44604 pessoas de 6372 agregados familiares não serão afectadas pelo gasoduto.

O Quadro 4.20 resume a análise da vulnerabilidade da zona de estudo.

Tabela 4.20: Análise de vulnerabilidade da área de estudo

Vulnerability	Buildings	Households	Persons	Percentage
Highest Vulnerability/ PROW Encroachment	26	104	728	1.35
High Vulnerability	78	312	2184	4.04
Medium Vulnerability	89	356	2492	4.60
Low Vulnerability	147	588	4116	7.60
No Vulnerability	1593	6372	44604	82.41
Total	**1933**	**7732**	**54124**	**100**

Fonte: Trabalho de campo do autor, 2016

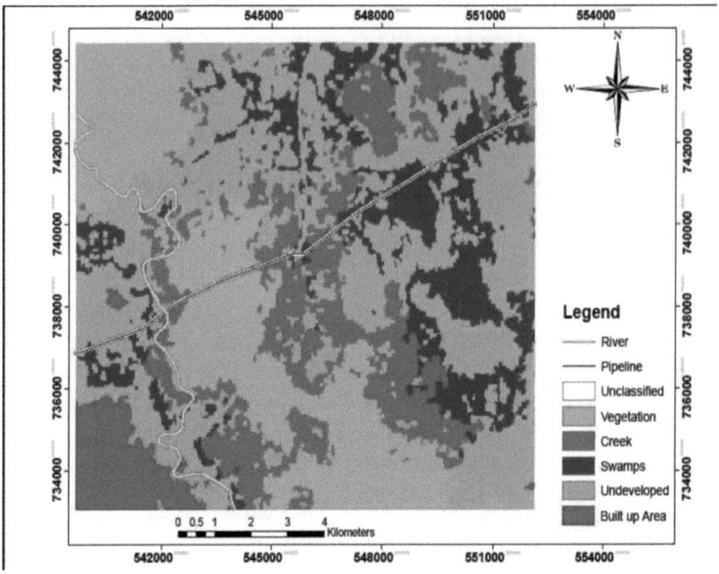

Fig. 4.10: Mapa de disposição classificada do LandSat TM, 24 de dezembro de 1986.

Fonte: Trabalho de campo do autor, 2016

A Figura 4.10 mostra o mapa de classificação do LandSat TM 24, 1986. Foram atribuídas cores diferentes às diferentes classes de ocupação do solo para determinar a área coberta por cada classe. A cor vermelha representa as áreas construídas, a cor castanha as áreas não cultivadas, o cinzento escuro os pântanos, o verde sujo os ribeiros, o verde claro a vegetação, a risca amarela o oleoduto e o azul celeste o rio. ^{2}Como mostra a Tabela 4.21, a vegetação cobria uma área de 34,3 km em 1986, o que corresponde a

^{2222}24,10 % da área total, os cursos de água cobriram uma área de 24,8 km , correspondendo a 17,41 %, os pântanos cobriram uma área de 22,23 km , correspondendo a 15,63 % da área de estudo, os terrenos não urbanizados cobriram uma área de 53,08 km , correspondendo a 37,32 % da área de estudo, e a área urbanizada cobriu uma área de 6,45 km , correspondendo a 4,53 % da área. A partir dos dados de ocupação do solo, pode deduzir-se que a área não urbanizada é a classe predominante. O grau de urbanização em torno da conduta é nulo durante este período. O oleoduto está principalmente rodeado por ribeiros, pântanos e classes de ocupação do solo não urbanizadas. Também se pode deduzir da imagem acima que a conduta não estava afetada por urbanização em 24 de dezembro de 1986. A conduta também atravessa o rio sem qualquer impacto significativo. No entanto, a proximidade das ribeiras com a conduta oferece aos vândalos a oportunidade de se esconderem e cometerem actos de sabotagem. De resto, não foram observadas quaisquer intervenções durante este período.

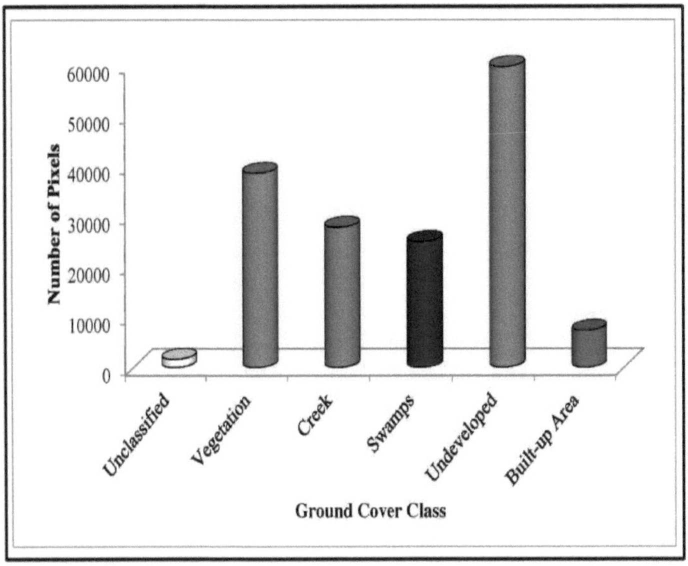

Fig. 4.11: Gráfico de barras do mapa de disposição classificado do LandSat TM, 24 de dezembro de 1986.

Fonte: Trabalho de campo do autor, 2016

Quadro 4.21: Análise das classes de cobertura do solo em 24 de dezembro de 1986

Ground Cover Class	Area (Km^2)	Percentage
Unclassified	1.42	1.00
Vegetation	34.3	24.10
Creek	24.8	17.41
Swamps	22.23	15.63
Undeveloped	53.08	37.32
Built-up Area	6.45	4.53
Total	**142.21**	**100**

Fonte: Trabalho de campo do autor, 2016

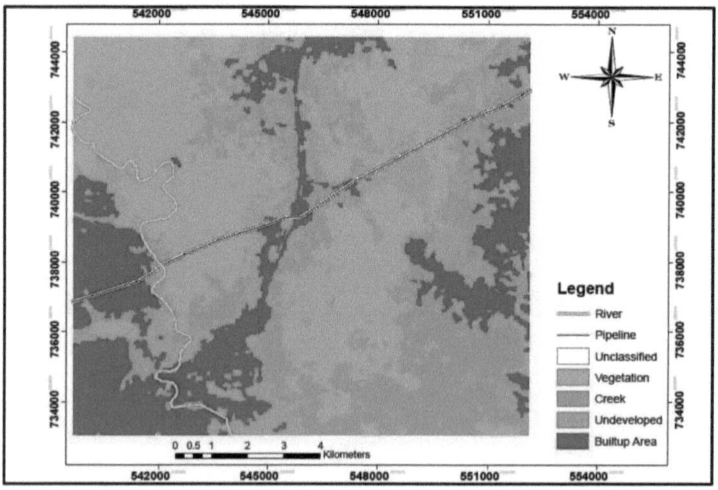

Fig. 4.12: Mapa de disposição classificada do LandSat TM, 29 de janeiro de 2000

Fonte: Trabalho de campo do autor, 2016

A Figura 4.12 mostra o mapa do sítio classificado do LandSat TM 29, 2000. Foram atribuídas cores diferentes às diferentes classes de ocupação do solo para determinar a área abrangida por cada classe. A cor vermelha representa as áreas construídas, a cor castanha as áreas não desenvolvidas, o verde sujo os cursos de água, o verde claro a vegetação, a risca amarela o oleoduto e o azul celeste o rio. ^{2222}A Tabela 4.22 mostra que a vegetação cobre uma área de 53,08 km , representando 37,33% da área total do terreno, os cursos de água cobrem uma área de 31,07 km , representando 21,85% da área, as áreas não desenvolvidas cobrem uma área de 26,30 km , representando 18,49% da área de estudo, e a área desenvolvida era de 30,34 km , representando 21,33% da área de estudo. A partir dos dados sobre a ocupação do solo, pode deduzir-se que se observa um aumento das áreas construídas e da vegetação. O grau de vegetação é determinado pela estação do ano e pelas actividades agrícolas. O aumento das áreas construídas indica que a área sofreu um grau significativo de urbanização entre o ano passado e o período atual. Os pântanos foram substituídos por zonas urbanizadas, o que indica que houve desenvolvimento nos pântanos. Além disso, o grau de urbanização em torno da conduta aumentou, o que constitui mais uma indicação de que o grau de perturbação ao longo do trajeto da conduta é agora significativo. O riacho em redor da conduta continua a funcionar. Isto indica que houve um desenvolvimento significativo e atividade de vandalismo durante este período.

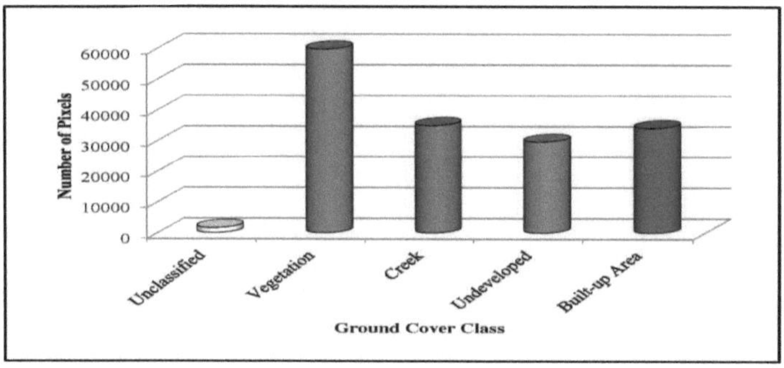

Fig. 4.13: Gráfico de barras do mapa de disposição classificada do LandSat TM, 29 de janeiro de 2000 Fonte: Trabalho de campo do autor, 2016

Quadro 4.22: Análise das classes de cobertura do solo em 29 de janeiro de 2000

Ground Cover Class	Area (Km^2)	Percentage
Unclassified	1.42	1.00
Vegetation	53.08	37.33
Creek	31.07	21.85
Undeveloped	26.30	18.49
Built-up Area	30.34	21.33
Total	**142.21**	**100**

Fonte: Trabalho de campo do autor, 2016

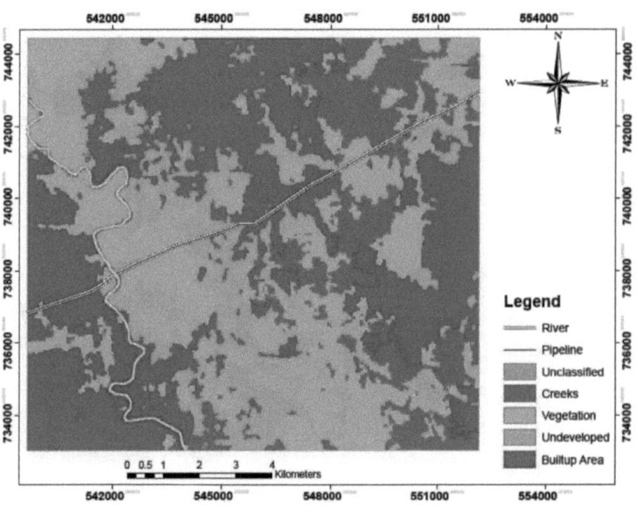

Fig. 4.14: Mapa de disposição classificada do LandSat OLI TM, 5 de maio de 2016

Fonte: Trabalho de campo do autor, 2016

A Figura 4.14 mostra o mapa de disposição classificado do LandSat

OLI TM 5, 2016. Foram atribuídas cores diferentes às diferentes classes de ocupação do solo para determinar a área abrangida por cada classe. A cor vermelha representa as áreas construídas, a cor castanha representa as áreas não desenvolvidas, o verde sujo representa os ribeiros, o verde claro representa a vegetação, a risca amarela representa o oleoduto e o azul celeste representa o rio. [222 2]Como mostra a Tabela 4.23, o riacho cobria uma área de 20,20 km, representando 14,20 % da área total do terreno, a vegetação cobria uma área de 42,1 km, representando 29,6 % da área, as áreas não desenvolvidas cobriam uma área de 23,16 km, representando 16,28 % da área de estudo, e as áreas desenvolvidas cobriam uma área de 55,4 km, representando 38,93 % da área de estudo. A partir dos dados sobre a ocupação do solo, pode deduzir-se que se registou um aumento muito significativo das áreas construídas. Isto indica que a área e as imediações do gasoduto foram objeto de um elevado grau de urbanização. Devido ao aumento do desemprego e da sobrepopulação, este facto acabou por levar à invasão dos direitos de passagem do gasoduto, juntamente com um aumento observado no vandalismo do gasoduto.

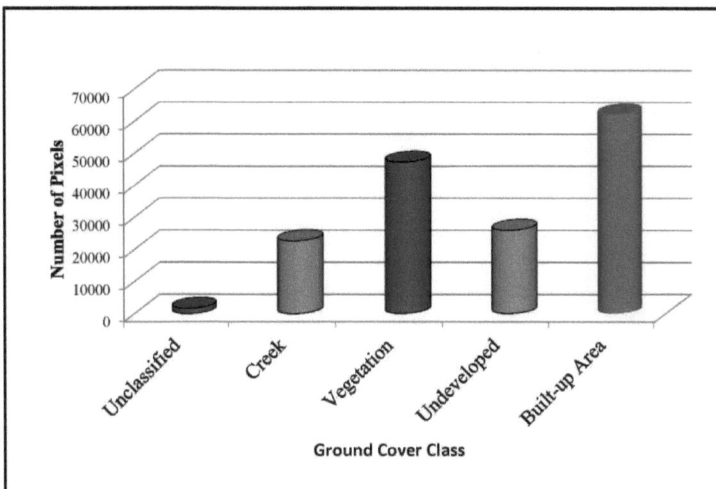

Fig. 4.15: Gráfico de barras do mapa de disposição classificada do LandSat ETM, 5 de maio de 2016 Fonte: Trabalho de campo do autor, 2016

Quadro 4.23: Análise das classes de cobertura do solo de 5 de maio de 2015

Ground Cover Class	Area (Km^2)	Percentage
Unclassified	1.42	1.00
Creek	20.20	14.20
Vegetation	42.1	29.6
Undeveloped	23.16	16.28
Built-up Area	55.4	38.93
Total	**142.21**	**100**

Fonte: Trabalho de campo do autor, 2016

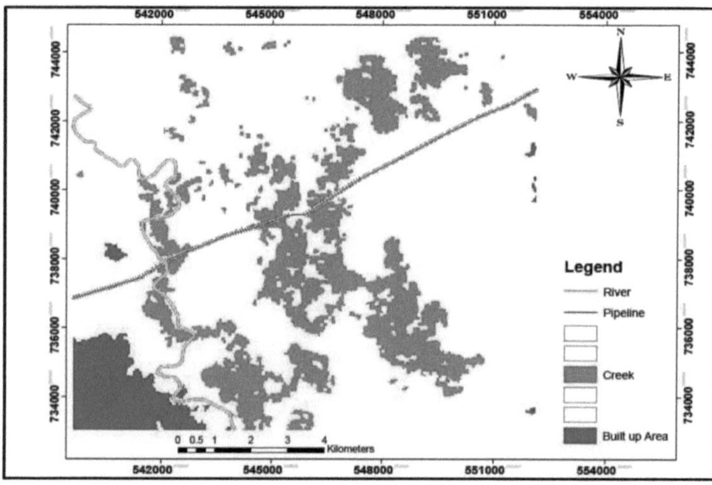

Fig. 4.16: Rácio entre áreas construídas e cursos de água para LandSat TM de 24 de dezembro de 1986

Fonte: Trabalho de campo do autor, 2016

A Figura 4.16 mostra o rácio entre as áreas construídas e os cursos de água para o LandSat TM de 24 de dezembro de 1986, com a cor vermelha a representar as áreas construídas e o verde malaquite a representar os cursos de água. Isto mostra que a relação entre as áreas construídas e os cursos de água é muito baixa, com os cursos de água a dominarem a maior parte dos lados da conduta. Os riachos, que servem de esconderijo para os vândalos, devem ter incentivado o vandalismo ao longo da conduta durante este período. No entanto, a urbanização e a invasão dos direitos de passagem do gasoduto não são observadas durante este período.

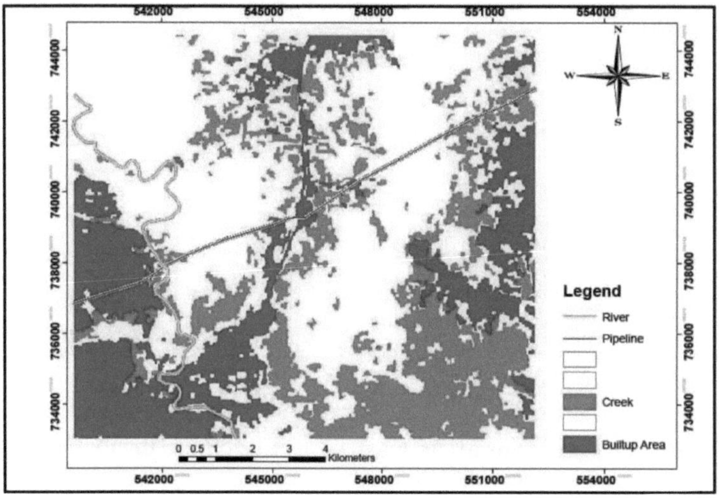

Fig. 4.17: Rácio entre áreas construídas e cursos de água para LandSat TM 29 de janeiro de 2000

Fonte: Trabalho de campo do autor, 2016

A figura 4.17 mostra a relação entre as áreas construídas e os cursos de água para o LandSat TM de 29 de janeiro de 2000. A cor vermelha representa as áreas construídas e o verde malaquite os cursos de água. Isto mostra que as zonas urbanizadas estão a desenvolver-se gradualmente e a deslocar os cursos de água. No entanto, este processo de urbanização levou a um aumento da procura de terrenos, afectando os direitos de passagem do gasoduto. Além disso, os riachos ainda cobrem áreas significativas em torno do gasoduto.

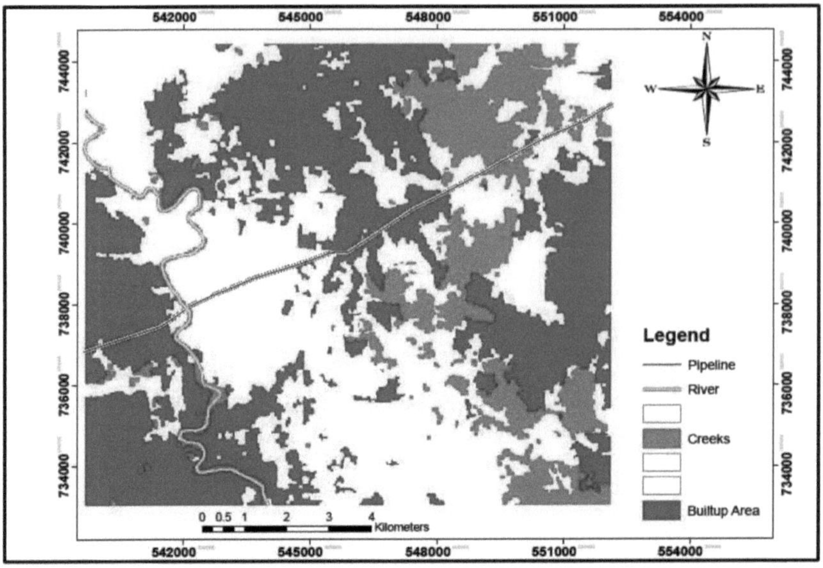

Fig. 4.18: Rácio entre as áreas construídas e os cursos de água para o LandSat OLI TM 5 de maio de 2015

Fonte: Trabalho de campo do autor, 2016

A Figura 4.18 mostra a relação entre as áreas construídas e os cursos de água para o LandSat OLI TM 5 de maio de 2015. A cor vermelha representa as áreas construídas e o verde malaquite os cursos de água. Isto mostra que os cursos de água foram substituídos em grande medida pelo processo de urbanização entre 2000 e 2015. No entanto, os ribeiros, que são claramente visíveis perto da conduta acima da área de estudo, continuam a servir de esconderijo para os vândalos. Assim, a urbanização exerce pressão sobre a faixa de servidão do gasoduto e os vândalos exercem pressão sobre o gasoduto da mesma forma, sabotando-o.

Quadro 4.24: Resumo da utilização/cobertura do solo para Arepo em 1986, 2000 e 2015

Year	1986		2000		2015	
Land Cover	Area(Km²)	%	Area(Km²)	%	Area(Km²)	%
Unclassified	1.42	1.00	1.42	1.00	1.42	1.00
Vegetation	34.3	24.10	53.08	37.33	42.1	29.6
Creek	24.8	17.41	31.07	21.85	20.20	14.20
Swamps	22.23	15.63	0.00	0.00	0.00	0.00
Undeveloped	53.08	37.32	26.30	18.49	23.16	16.28
Built-up Area	6.45	4.53	30.34	21.33	55.4	38.93
Total	**142.21**	**100**	**142.21**	**100**	**142.21**	**100**

Fonte: Trabalho de campo do autor, 2016

CAPÍTULO 5

RESULTADOS, RECOMENDAÇÕES E CONCLUSÕES

Objectos encontrados

Os resultados da recolha de dados primários e secundários são divididos em derivações do questionário e correlações do SIG e da análise de suscetibilidade ao risco.

Deduções do questionário preenchido

Os resultados do questionário estão divididos nas seguintes categorias: dados pessoais dos inquiridos, informações sobre a infraestrutura de condutas existente, a extensão da invasão da faixa de servidão das condutas, a relação entre urbanização e vandalismo nas condutas e os riscos de segurança devidos à invasão da faixa de servidão das condutas no município de Arepo.

Dados pessoais dos inquiridos

No total, foram entrevistadas 200 pessoas no decurso deste estudo. As informações pessoais sobre estes inquiridos no município de Arepo estão resumidas nos Quadros 1 a 6. Verifica-se que 57,5 % dos inquiridos são homens e 42,5 % mulheres. Os inquiridos dividem-se nos seguintes grupos etários: 18 a 25 anos (7,5 %), 26 a 35 anos (46,5 %), 36 a 65 anos (34 %) e mais de 65 anos (12 %). 92,5 % dos residentes são pessoas activas na cidade, que ainda se podem sustentar a si próprias e que realizam trabalhos qualificados e não qualificados. De acordo com estes inquiridos, 20% trabalham na agricultura, 28% no comércio, 33,5% são funcionários públicos, 14% são artesãos e 4,5% estão desempregados. As habilitações literárias mais elevadas dos inquiridos são: Primário (18,5%), Secundário (43,5%), Licenciatura (25,5%), Mestrado (5%) e Analfabeto (7,5%). Isto mostra que o nível de educação dos residentes é um fator que contribui para a invasão da rota do oleoduto na comunidade.

Infra-estruturas de canalização existentes na zona

Os inquiridos forneceram dados relevantes sobre a infraestrutura do gasoduto existente no município de Arepo, que estão resumidos nos Quadros 4.7 e 4.8. De acordo com os inquiridos, o gasoduto tem um impacto significativo na área. Além disso, foi pedido aos inquiridos que identificassem a natureza do impacto do gasoduto na comunidade. 42%

consideraram que o gasoduto tem um impacto positivo na comunidade e 58% consideraram que tem um impacto negativo. Isto sugere que o oleoduto é visto como um obstáculo ao conforto e à segurança dos residentes locais, uma vez que atrai vândalos que se dedicam à sabotagem e ao abastecimento de petróleo. A perturbação da comunidade tem, portanto, um impacto na infraestrutura do oleoduto em Arepo.

Quando questionados sobre as medidas de segurança ao longo do trajeto do gasoduto em Arepo, 66% dos inquiridos concordaram que os sinais de "Proibida a entrada" são a medida de segurança ao longo do trajeto do gasoduto, 12,5% consideraram que o pessoal é monitorizado, 11% consideraram que o trajeto é patrulhado e os restantes 10,5% afirmaram que não são tomadas medidas de segurança para proteger o trajeto do gasoduto. A partir dos dados acima referidos, a medida de segurança mais comum praticada ao longo do trajeto do gasoduto é a utilização de sinais de "proibido transgredir", que a maioria dos inquiridos referiu.

No entanto, a utilização de sinais, por si só, não pode ser considerada a medida mais eficaz para garantir um direito de passagem livre para as condutas.

Dimensão da deficiência na zona

A extensão da invasão no município de Arepo está resumida na Tabela 4.9. Quando questionados sobre a distância da casa em relação à faixa de servidão do oleoduto, 30% dos inquiridos viviam a menos de 15 metros da faixa de servidão do oleoduto, 40% viviam entre 15 e 30 metros da faixa de servidão do oleoduto, 17,5% viviam entre 15 e 30 metros, e 12,5% viviam a mais de 30 metros da faixa de servidão do oleoduto. A partir da informação recolhida sobre a distância das casas ao trajeto da conduta, pode deduzir-se que a maioria dos inquiridos invadiu o trajeto da conduta.

Relação entre urbanização e vandalismo nas condutas

A correlação entre a urbanização e o vandalismo nas condutas está resumida nas Tabelas 4.10 a 4.14. Quanto ao nível de desenvolvimento: 9% dos inquiridos classificaram o nível de desenvolvimento como muito bom, 19% como bom, 45% como médio, 13% como mau e os restantes 14% como muito mau. A partir da opinião dos inquiridos, pode deduzir-se que o nível de desenvolvimento e urbanização da zona é bastante bom. Isto significa que a zona ainda se encontra em fase de desenvolvimento e está em constante evolução. Sobre a localização dos vândalos: 48% dos inquiridos acreditam que os vândalos que atacam as condutas vivem junto aos riachos, 7,5% acreditam que vivem dentro da comunidade, 27,5% afirmam que vêm de outras comunidades e os restantes 17% não fazem ideia de onde vivem os vândalos. A partir da informação recolhida sobre o paradeiro dos vândalos que perturbam os oleodutos, pode deduzir-se, de um modo geral, que os vândalos ficam à volta dos riachos porque estes estão isolados da comunidade e servem-lhes de esconderijo quando as agências de segurança os querem localizar.

Imparidade da segurança devido a invasão

Os efeitos das invasões na segurança são resumidos nos quadros 4.15 a 4.19. Os inquiridos foram convidados a dar a sua opinião sobre os riscos associados às invasões de direitos de passagem de gasodutos. 47,5% dos inquiridos concordaram que o risco de perda de vidas é muito elevado quando se invade a faixa de servidão do gasoduto, 4% acreditam que as pessoas que constroem as suas casas ao longo da faixa de servidão do gasoduto correm o risco de serem assaltadas, 22,5% acreditam que o risco está relacionado com a saúde, enquanto os restantes 26% acreditam que não existe qualquer risco associado à invasão da faixa de servidão do gasoduto. Pode deduzir-se daqui que o risco de morte por explosões que podem ocorrer em caso de derrame de petróleo é o maior perigo a que os residentes locais estão expostos. No entanto, uma pequena percentagem de inquiridos não vê qualquer perigo em construir na faixa de servidão do oleoduto, uma vez que os oleodutos estão enterrados abaixo da superfície. Foi pedida a opinião dos residentes locais sobre a sua segurança. 14% disseram que se sentiam muito seguros, 10,5% disseram que se sentiam razoavelmente seguros na comunidade, 62% disseram que não se sentiam muito seguros e os restantes 13,5% disseram que não se sentiam seguros na comunidade. Isto indica que a maioria dos inquiridos não se sente segura, mesmo quando realiza as suas tarefas diárias. O medo do vandalismo e a possibilidade de o oleoduto explodir estão presentes nas suas mentes todos os dias. Em resumo, pode dizer-se que a interferência da comunidade tem um impacto na segurança dos residentes de Arepo.

Derivação do SIG e da análise de vulnerabilidade ao risco

O composto de cores foi submetido a uma classificação supervisionada nas seguintes classes de ocupação do solo: área construída, área não urbanizada, pântano, riacho e vegetação. No entanto, os resultados da classificação nas Figuras 4.10, 4.12 e 4.14 mostram diferenças consideráveis, como se pode ver claramente nas Figuras 4.11, 4.13 e 4.15. [2222]A análise das imagens LandSat mostra que a superfície terrestre total é de 142,21 km e inclui zonas urbanizadas que cobrem uma área de 6,45 km (4,53%), 30,34 km (21,33%) e 55,4 km (38,93%). Isto mostra que a taxa de urbanização na área de estudo tem aumentado de forma constante ao longo dos anos em análise. Esta é também a razão para o desenvolvimento crescente ao longo do trajeto do gasoduto, que se deve à procura constante de terrenos disponíveis.

[222]A vegetação cobria uma área de 34,3 km em 1986, o que representa 24,10 % da área de estudo, 53,08 km , o que corresponde a 37,33 % da área de estudo em 2000, e 42,1 km , o que corresponde a 29,6 % da área de estudo em 2015. A variação sinusoidal da superfície coberta por vegetação depende principalmente da época do ano e das mudanças sazonais. Por outras palavras, mais precipitação favorece a propagação da vegetação, enquanto menos precipitação dificulta a propagação da vegetação.

Verificou-se uma diminuição geral dos pântanos na área de estudo. [2]Em 1986, os pântanos cobriam 22,23 km, o que corresponde a 15,63% da área de estudo. [2]Em 2000 e 2015, 0,00 km de sapais tinham desaparecido completamente. Esta extinção total deve-se ao ritmo da urbanização. As zonas urbanizadas engoliram os sapais. Isto deve-se ao facto de os pântanos terem sido construídos em grande parte.

A área não urbanizada diminuiu rapidamente entre 1986 e 2015. [222]Em 1986, a área não urbanizada era de 53,08 km, o que corresponde a 37,32% da área de estudo, em 2000 diminuiu acentuadamente para 26,30 km, o que corresponde a 18,49% da área de estudo, e em 2015 diminuiu ainda mais para 23,16 km, o que corresponde a 16,28%. A razão para este declínio é a velocidade a que a área de estudo está a ser urbanizada.

A ribeira manteve um nível médio de área de terreno entre 1986 e 2015. [2]Em 1986, a ribeira cobria uma área de 24,8 km, o que corresponde a 17,41 % da área de estudo. [22]A ribeira cresceu para 31,07 km , correspondendo a 21,85 % da área de estudo, e diminuiu ligeiramente a sua área para 20,20 km , correspondendo a 14,20 % da área de estudo. Os riachos que serviam de base e esconderijo para os vândalos mantiveram um nível de área constante, pois não são realizadas atividades ao redor dos riachos devido à insegurança e ameaça dos vândalos que ali residem.

A análise da suscetibilidade ao risco mostrou o número de edifícios afectados a diferentes distâncias de segurança da conduta. A Tabela 4.20

mostra que 728 pessoas de 104 agregados familiares, representando 1,35% da população total da área de estudo, estão em maior risco na eventualidade de um incidente com a conduta. É também de notar que este grupo de pessoas invade a faixa de servidão do gasoduto (Fig. 4.1 e 4.2). O buffer para a conduta a este nível é de 50 pés, ou 15,24 metros.

A zona de risco elevado mostra que 2184 pessoas de 312 agregados familiares, representando 4,04% da população total da área de estudo, estão em risco elevado no caso de uma explosão da conduta. O número total de edifícios neste nível de risco é de 78 e estão localizados a uma distância de 30,48 metros da conduta (Fig. 4.3 e 4.4).

A exposição média mostra que 2492 pessoas serão afectadas pelo gasoduto, incluindo 356 agregados familiares que vivem em 89 edifícios (Figs. 4.5 e 4.6). Este grupo de pessoas representa 4,60 % da população da área de estudo. O buffer nesta zona é de 200 pés, o que corresponde a 60,96 metros.

A zona de baixo risco inclui 4116 pessoas de 588 agregados familiares, o que corresponde a 7,61% da população total da área de estudo (Fig. 4.7 e 4.8). O buffer da zona de baixo risco é de 300 pés, o que corresponde a 91,44 metros. O impacto do gasoduto sobre as pessoas que vivem nesta zona é mínimo.

A zona não vulnerável abrange 44604 pessoas, o que corresponde a 82,40% da população total. O número de edifícios nesta zona é de 1593, nos quais vivem 6372 famílias. O buffer nesta zona é superior a 300 pés e o impacto do gasoduto na população da zona não perigosa é nulo (Fig. 4.9).

Recomendações

(i) A vigilância aérea das condutas deve ser utilizada em conjunto com a utilização de tecnologias de teledeteção e de SIG. Deve também ser criado um dispositivo de segurança e monitorização das condutas e uma sala de controlo da situação. O dispositivo instalado na conduta detectará qualquer golpe ou pancada na conduta e transmitirá imediatamente uma imagem instantânea e as coordenadas X,Y para a sala de controlo. Isto proporciona uma visão panorâmica da atividade ao longo da conduta. Funciona também como um dissuasor para os vândalos que cometem sabotagem e destroem as infra-estruturas públicas na zona.

(ii) Aplicação de regulamentos de espaçamento pela autoridade de planeamento urbano. Esta medida garantirá o desenvolvimento ordenado das estruturas e promoverá a segurança dos residentes e da conduta.

(iii) As estruturas no trajeto da conduta devem ser removidas. Esta é uma ferramenta importante para garantir que não existem obstáculos ao longo do trajeto da conduta.

(iv) A empresa de gasodutos deve sensibilizar o público e informá-lo sobre os perigos e riscos associados à invasão do direito de passagem do gasoduto.

(v) A empresa de gasodutos deve proceder à manutenção e inspeção regulares dos gasodutos. Isto assegurará a realização de reparações adequadas nos casos em que as condutas tenham sido perfuradas ou rompidas.

(vi) A companhia de gasodutos deve instalar sinais de segurança adequados, conspícuos e legíveis na estrada do gasoduto para evitar interpretações erróneas por parte do público.

(vii) A empresa de gasodutos deve participar em projectos de desenvolvimento comunitário, como a construção de estradas acessíveis, o fornecimento de furos de água, eletricidade e escolas, para retribuir à comunidade e promover uma boa relação entre as empresas de gasodutos e a comunidade.

(viii) Quem for apanhado a violar a conduta deve ser punido mais severamente. Isto assegurará que qualquer vândalo apanhado enfrenta toda a força da lei, o que dissuadirá os vândalos deliberados.

(ix) Deve ser colocado pessoal de segurança suficiente na zona para garantir a segurança dos residentes. Também para combater os vândalos que podem querer instigar conflitos de rivalidade dentro da comunidade.

Conclusão

A usurpação dos direitos de passagem dos gasodutos tem constituído uma grande ameaça para a distribuição eficaz e a funcionalidade do sector dos gasodutos no país. O efeito de bumerangue é o risco para as vidas, a segurança e a propriedade das comunidades através das quais os oleodutos passam, e isto tem

devido à grande perda de vidas e bens causada por acidentes e incidentes com condutas.

O estudo revelou o elevado nível de perigo e vulnerabilidade associado à intrusão na rota do gasoduto. Este perigo vai desde a perda de bens e a agitação da comunidade devido ao vandalismo até à perda colossal de vidas devido a explosões e incêndios que podem ocorrer ao longo do trajeto da conduta. Para combater esta ameaça de agitação comunitária, elevado nível de perigo e vandalismo nas condutas, o Governo Federal, em colaboração com a autoridade de planeamento urbano, as empresas de condutas, as agências de segurança e os residentes da comunidade de Arepo, deve desempenhar um papel fundamental na manutenção de uma distância adequada das condutas para melhorar não só a segurança das condutas, mas também a segurança da comunidade. Deve ser assegurada a aplicação de medidas que sirvam o bem-estar e o desenvolvimento da comunidade de Arepo.

Efeitos do estudo relevantes para o planeamento

A investigação da usurpação dos direitos de utilização dos gasodutos por parte do município permite descobrir as lacunas no desenvolvimento ilegal de estruturas nos direitos de utilização dos gasodutos. A utilização indiscriminada de terrenos próximos dos oleodutos é altamente perigosa tanto para o ambiente como para os habitantes da zona. Por conseguinte, os planeadores devem garantir que a funcionalidade ambiental da zona seja preservada. As implicações do estudo para o planeamento são descritas abaixo:

> As estruturas ilegais ao longo do trajeto do gasoduto são identificadas, o que significa que as estruturas infractoras são primeiro removidas através da notificação de infração aos proprietários antes de se proceder à demolição.
>
> A utilização de distâncias padrão em relação ao trajeto do gasoduto será reforçada e rigorosamente aplicada. Tal deve-se ao facto de as normas ajudarem a regular a utilização dos solos no ambiente, especialmente em zonas sensíveis.

- Será assegurada uma coordenação adequada das actividades e da utilização dos solos no seio da comunidade, devido às inadequações óbvias dos desenvolvimentos aleatórios ao longo do trajeto do gasoduto.

Contribuição para o conhecimento

Este estudo contribuiu comprovadamente de forma significativa para o meu conhecimento enquanto urbanista em início de carreira. A utilização do software ArcGIS para analisar mapas e imagens LandSat melhorou os meus conhecimentos gerais sobre como utilizar o software na análise de mapas. Também aumentou significativamente o meu conhecimento das características geográficas, socioculturais e ambientais da área de estudo.

Através deste estudo, pude adquirir experiência prática, que faz parte do compromisso exigido a um urbanista.

Áreas de investigação futura

O ambiente é uma grande entidade que não podemos analisar até à exaustão. O impacto económico do vandalismo na região e no país como um todo deve ser analisado mais detalhadamente. Para além disso, deveria também ser feito um estudo aprofundado sobre as implicações de segurança da interferência no traçado do gasoduto.

REFERÊNCIA

Alawode, A.J. e Ogunleye, I.O. (2011, maio). Manutenção, segurança e ambiente

Impactos dos danos e rupturas de condutas na região do Delta do Níger. Jornal do *Pacífico de Ciência e Tecnologia Vol 12, No. 1*, 556-573

Instituto Americano do Petróleo (API) (2011). *Directrizes para o desenvolvimento de propriedades Uma publicação do American Petroleum Institute.* API

Amnistia Internacional (2013). *Má Informação: Investigações sobre o derrame de petróleo no Delta do Níger.* CEHRD

AtomsEnergy (2015, 24 de setembro). *Desobstrução, manutenção e inspeção.* Obtido em 6 de junho de 2016, no sítio Web da Atoms Energy:

http://www.atomsenergy.com

Bell, T. (2015 maio). Pipelines Safety and Security: Is it no more than a Pipe dream? *The Bent of tau beta pi: Instituto de Jornalismo e Recursos Naturais (IJNR)*, 12-19

Cidade de Burnaby. (2014, 4 de outubro). *Cidade de Burnaby se opõe à proposta do gasoduto Kinder Morgan.* Recuperado em 3 de junho de 2016, no site da cidade de Burnaby: http://www.burnaby.ca/tmep

Cooper, J. (2013). *Patrulha e resposta ROW: Caixa de ferramentas para a prevenção de perdas.* AOPL

Departamento de Proteção do Ambiente e do Património (DEHR) (2015). *Critérios de aprovação e condições padrão para actividades de oleodutos.* Queensland: Departamento do Ambiente e da Proteção do Património

DigitalGlobe (DG) (2013, 31 de maio). *Projeto de restauração do direito de passagem do petróleo e do gás de Sakhalin-2.* Obtido em 3 de junho de 2016 no sítio Web da DigitalGlobe: http://www.digitalglobe.com

Transport Research Board (TRB) (2004). *Transmission Pipelines and Land Use: A RiskInformed Approach.* Washington D.C.: Transport Research

Board

Fasakin, J. (2000). Uma análise da utilização do solo das características operacionais dos motociclos comerciais em Akure, Nigéria. Dissertação, Departamento de Planeamento Urbano e Regional, Universidade Federal de Tecnologia, Akure

Diário Oficial da República Federal da Nigéria 2007 Relatório sobre o Recenseamento Nacional da População de 2006 N.º 24, Vol. 94, 2007

General Accounting Office (GAO) (agosto de 2002). *Pipeline Safety and Security: Need for Improved Workforce Planning and Communication.* Washington D.C

Goodland, R. (maio de 2005). Social and environmental impact assessment of oil and gas pipelines: state of the art. *Conferência da Associação Internacional de Avaliação de Impacto (IAIA)*, (pp. 214, 149-154). Dakota do Norte

Gulf of Interstate Engineers (GIE) (1999). *Requisitos temporários de largura do direito de passagem para a construção de condutas.* Texas http://www.nnpc.com/ppmc Acedido em agosto de 2015

http://www.en.wikipedia.org Recuperado em junho de 2016

http://www.en.wikitionary.com Acedido em janeiro de 2016

http://www.ogunstate.gov.ng *Ogun State.* Acedido em maio de 2016

Huho, R.J., Cheng, Y.F., Finley, C., Trudel, P. e Colquhoun, I. (2012, 20 de junho). *A ciência da engenharia dos oleodutos.* Recuperado em junho de 2016, de Conselho Nacional de Energia:

http://www.neb-one.gc.ca

Koenig, K. e Soltani, A. (2005). Ecuador: Oleoducto de Crudos Pesados heavy fuel oil pipeline. *Conferência da Associação Internacional de Avaliação de Impacto (IAIA)*, (pp. 68-78). Dakota do Norte.

Ledec, G. e Quintero, J.D. (2005). Projeto de gasoduto Bolívia-Brasil (GASBOL): minimizando a pegada do projeto. *Conferência da Associação Internacional de Avaliação de Impacto (IAIA)*, (pp. 79-89). Dakota do Norte.

Murray, J. (2012, 14 de novembro). *Pipelines Security*. Ontário: Senstar Corporation.

Nature (2003, maio de 2009). *Cartas à Nature,* 528-531

Nsiah-Gyabaah, K. (2013 16-18 outubro). Urbanização, degradação ambiental e segurança alimentar em África. *Reunião aberta da Comunidade de Investigação sobre Alterações Ambientais Globais*, (pp. 1-25). Montreal, Canadá.

Odebunmi, E.O, Ogunsakin, E.A & Ilukhor, P.E.P. (2002). Characterisation of Crude Oils and Petroleum Products: (I) Elution Liquids Chromatographic Separation and Gas Chromatographic Analysis of Crude Oils and Petroleum Products. *Sociedade Química da Etiópia: 16(2)*, 115-132.

Okoli. A. & Orinya, S. (2013). O vandalismo nos oleodutos e a segurança nacional da Nigéria. *Global Journal of HUMAN SOCIAL SCIENCE: Volume 13 Issue 5 Version 1.0*, 67-75.

Phillips66Pipeline (2012).*Phillips66Pipeline* Recuperado em 3 de junho de 2016, do sítio Web da Phillips66Pipeline: http://www.phillips66pipeline.com

The Nation (2015). *Arepo de novo*. Recuperado em 22 de janeiro de 2016 do site The Nation: http://thenationonliineng.net/arepo-again

Tony, C. (2015, 27 de maio). *Arepo, oleodutos de produtos petrolíferos e o rio Owuru*. Obtido em 10 de fevereiro de 2016 do sítio Web Vanguard News: http://www.vanguardngr.com

Departamento de Transportes dos EUA (2006). *Perguntas mais frequentes sobre a servidão de condutas*. Obtido em 6 de junho de 2016 no sítio Web do Departamento de Segurança dos EUA:

http://www.primis.phmsa.dot.gov/comm/GenaralPublic.htm

APÊNDICE

DEPARTAMENTO DE PLANEAMENTO URBANO E REGIONAL

ESCOLA DE TECNOLOGIA AMBIENTAL

UNIVERSIDADE FEDERAL DE TECNOLOGIA DE AKURE, ESTADO DE ONDO, NIGÉRIA

O principal objetivo deste questionário é investigar o impacto da intervenção comunitária nos direitos de passagem de condutas em Arepo, no Estado de Ogun. Todas as informações serão mantidas estritamente confidenciais e serão utilizadas apenas para fins científicos.

Questionário nº:...............................

DATA...

NOME DA RUA

....

NÚMERO DA CASA

....

Secção A: Informações gerais sobre os inquiridos

1. Género (a) Masculino (b) Feminino

2. Idade (a) 18-25 anos (b) 26-35 anos (c) 36-45 anos (d) 46-65 anos (e) >65 anos

3. Estado civil a) solteiro b) casado c) viúvo d) divorciado

4. Profissão (a) Agricultor (b) Empresário (c) Pescador (d) Funcionário público (e) Artesão (f) Desempregado

5. Qualificação educacional (a) Nível primário (b) Nível secundário (c) Nível terciário (d) Analfabeto (e) Mestrado

6. Religião (a) Cristã (b) Muçulmana (c) Tradicional (d) Outra (especificar)..................

7. Origem (a) Nativa (b) Não-nativa

8. Etnia a) Yoruba b) Igbo c) Hausa d) Outra (especificar)

9. Duração da estadia a) menos de 5 anos b) 5-10 anos c) 11-15 anos d) >15 anos

10. Indique o fator mais importante que atrai a população deste município (a) Agricultura (b) Indústria da madeira (c) Comércio (d) Educação (e) Emprego (f) Outro..........

11. Indique o intervalo de variação da população deste município (a) < 5000 (b) 500110000 (c) 10001-20000 (d) 20001-30000 (a) > 30000

Secção B: Informações gerais sobre a infraestrutura de condutas na zona

12. Que impacto tem o gasoduto na comunidade? (a) Positivo (b) Negativo

13. Quão significativo é o impacto do gasoduto na comunidade? (a) Muito significativo b) Significativo c) Bastante significativo d) Insignificante

14. Com que frequência é que os funcionários vêm fazer a manutenção das condutas? (a) Semanalmente (b) Bimensalmente (c) Mensalmente (d) Trimestralmente (e) Anualmente

Secção C: Conhecimento dos inquiridos sobre a invasão de Direito de passagem para oleodutos e gasodutos

15. Qual é a distância entre a sua casa e o trajeto do oleoduto? (a) <50ft (b) 51-100ft (c) 101-200ft (d) mais de 200ft

16. Conhece a norma relativa à distância a um trajeto de oleoduto? (a) Sim(b) Não

17. Em caso afirmativo, qual é a distância padrão entre o direito de passagem da conduta e uma propriedade residencial? a) 10 pés b) 20 pés c) 30 pés d) 40 pés e) 50 pés f) > 50 pés

18. Que medidas de segurança são tomadas para proteger as condutas? a) Sinais de "Proibida a entrada" b) Vigilância por pessoal c) Patrulha da faixa de rodagem d) Vigilância aérea e) Nenhuma das medidas anteriores

Secção D: Conhecimento dos inquiridos sobre a urbanização e o vandalismo na região

19. Qual é o uso predominante do solo nesta área? (a) Comercial (b) Residencial (c) Industrial (d) Recreativo (e) Todas as anteriores

20. Que tipo de utilização do solo está presente nesta área? (a) Comercial (b) Residencial (c) Industrial (d) Recreativo (e) Todas as anteriores

21. Com que frequência é visitado pela autoridade de planeamento urbano? (a) Muito frequentemente (b) Frequentemente (c) Bastante frequentemente (d) Poucas vezes (e) Nunca visitam

22. De que tipo de empreendimento é proprietário? (a) Comércio (b) Terrenos agrícolas (c) Casa particular (d) Indústria (e) Nenhum

23. Como classificaria o nível de desenvolvimento nesta zona? (a) Muito bom (b) Bom (c) Razoável (d) Mau (e) Muito mau

24. Que tipos de instituições académicas existem na zona? (a) Escola primária (b) Escola secundária (c) Escola secundária (d) Faculdade (e) Todas as anteriores (f) Outra (especificar)

25. Como classificaria as instituições académicas da região? (a) Muito adequadas (b) Adequadas (c) Razoavelmente inadequadas (d) Inadequadas

26. Qual o impacto que o afluxo de estrangeiros teve na comunidade? (a) Positivo (b) Negativo 27. Como classificaria o estado da estrada nesta comunidade? (a) Muito bom (b) Bom (c) Razoável (d) Mau (e) Muito mau.

28. Que tipo de instalações médicas existem nesta zona? (a) Centro de saúde privado (b) Centro de saúde público (c) Ambos

29. Como classificaria as instalações? (a) Muito adequadas (b) Adequadas (c) Razoavelmente inadequadas (d) Inadequadas

30. Que tipo de centro comercial existe nesta zona? (a) Centro comercial (b) Centro comercial (c) Mercado comunitário (d) Mercado de bairro

31. Quais são os impactos do centro comercial? a) Melhoria do nível de vida b) Relações comunitárias c) Recuperação económica d) Diversidade

Secção E: Conhecimento dos inquiridos sobre o impacto da usurpação na segurança

32. Que perigo está associado ao facto de se construir no direito da conduta? (a) Perigo de vida (b) Perigo de roubo (c) Perigo para a saúde (d) Nenhum perigo

33. Que medida de segurança é adoptada para proteger os residentes? (a) Patrulha comunitária b) Guardas locais c) Postos de controlo d) Vigilância por câmaras e) Vigilância aérea

34. Como é que a comunidade reage a um derrame de petróleo? (a) Notificar a autoridade de segurança (b) Evacuar da área do derrame (c) Vandalizar o oleoduto (d) Não fazer nada

35. Quem suporta os prejuízos em caso de derrame de petróleo bruto? (a) Companhia de oleodutos b) Autoridade de segurança c) Comunidade d) Indivíduos

36. Como classificaria as actividades dos vândalos? a) Muito perigosas b) Bastante perigosas c) Não muito perigosas d) Pouco perigosas

37. Que contribuição é que o oleoduto deu à comunidade? (a) Fornecimento de furos (b) Fornecimento de segurança (c) Criação de emprego (d) Construção de estradas (e) Nenhuma das anteriores

38. Onde estão localizados? (a) Nas ribeiras (b) No interior do município (c) Noutros municípios (d) Não sabe

39. Como classificaria a frequência do vandalismo na tubagem? (a) muito frequente (b) frequente (c) pouco frequente (d) raro

40. Com que frequência ocorrem derrames de petróleo nesta zona? (a) Muito frequentemente (b) Frequentemente (c) Pouco frequentemente (d) Raramente

41. Qual é o grau de competência do pessoal de segurança? (a) muito competente b) competente c) incompetente

42. Até que ponto se sente seguro na sua comunidade? (a) muito seguro (b) bastante seguro (c) não muito seguro (d) inseguro

43. Que medidas sugere que o governo adopte para proteger a residência? (a) Mais pessoal de segurança (b) Vigilância aérea (c) Mais

Postos de segurança d) Patrulhas regulares e) Outros (especificar)

44. Na sua opinião, qual é o nível de segurança das condutas? (a) Muito boa (b) Boa (c) Razoavelmente boa (d) Má

45. Considera que as actividades dos vândalos do oleoduto são justificáveis? (a) Sim (b) Não

46. Em caso afirmativo, indicar o

Motivo(s)..

47. Que medidas sugere para proteger o trajeto do gasoduto? (a) Devem ser colocados sinais de "Proibida a entrada" ao longo do trajeto do gasoduto b) Vigilância aérea do gasoduto c) Patrulha de segurança ao longo do trajeto do gasoduto d) Aplicação de proibições de construção ao longo do trajeto do gasoduto e) Todas as medidas acima referidas

Obrigado.

Índice

CAPÍTULO 1 1
CAPÍTULO 2 11
CAPÍTULO 3 27
CAPÍTULO 4 34
CAPÍTULO 5 66
REFERÊNCIA 74

MIX
Papier aus verantwortungsvollen Quellen
Paper from responsible sources
FSC® C105338

Printed by Books on Demand GmbH, Norderstedt / Germany